AQUARIUS

AQUARIUS

AQUARIUS

AQUARIUS

Vision

一些人物，
一些視野，
一些觀點，
與一個全新的遠景！

英雄同路

——從零下成就自己

商業思想家——林裕盛

目錄

《英雄同路：從零下成就自己》

【前言】 012

01 態度凌駕一切 態度是通往成功人生的金鑰匙 017

．要慶幸的是：這個行業從來沒有容易過
．人壽保險的銷售，是世上最困難的工作
．做保險沒面子？一輩子窮才真沒面子
．致富的五個密碼：企圖心、人脈、眼光、勤奮、堅持
．保險市場已飽和？只是推託之詞

02 學習凌駕一切 資訊的不對稱，造成了財富的不對稱 057

．以銷售力為核心的世界上最偉大行業
．壽險事業的兩個堅持：堅持銷售、堅持發展直轄單位

・爬離貧窮之路，才是世上最遙遠的距離
・做個「不打烊」的推銷員
・聰明的學，癡心的做

03 行動凌駕一切 寧可白做，不可不做，做一個行動的偏執狂 091
・建設性行動的三大表徵：積極思想、目標導向、自我激勵
・設定目標，咬住目標，獻身於目標
・業務員的關鍵性任務：開發客戶、持續拜訪客戶
・成功者的八大習慣：1.從辦公室上班、下班的習慣 2.感恩與回饋 3.做個受歡迎的人 4.向第一名學習 5.刻苦，極刻苦，不以為苦 6.自我調適的能力 7.在關鍵時刻使出渾身解數 8.自我管理的能力

04 成交凌駕一切 銷售於無形，成交於有形 129
・保險的魅力在於困難
・業務員的八大核心競爭力。不怕競爭，只怕沒有核心競爭力！
・客戶購買的四個滿足點：Functional，Emotional，Participating，Symbolic Satisfaction!
・求人兵法：套交情＋肯求人＝快樂成交！
・成交八法：1.坦克車法 2.長期耕耘法 3.投桃報李法 4.欲擒故縱法 5.真心服務法 6.聲東擊西法 7.故事成交法 8.終極生死戰

05 組織凌駕一切 組織發展主宰未來成就 185
・發展組織讓你成就輝煌
・主管的三階段增員方式
・增員的撲克牌理論——找出黑桃A
・選才的1233法則
・評估新人的六個含金量

06 領導凌駕一切 不敗的狂人哲學 219
・領導能力凌駕管理能力
・贏得夥伴合作意願的五大技巧
・領導者的1P＋4E
・領導者的PEPSI
・士氣與激勵是領導的壓軸好戲

【附錄】 256
【後記】 282

【前言】英雄同路，王者之王
壽險事業凌駕一切

本書謹獻給堅苦卓絕的人壽保險推銷員，其他行業的推銷員，你要有心理準備，今天就辭職吧！加入這個偉大的行列！

人間王道是銷售，我們應該慶幸，這個世上還有這麼困難的工作讓我們去做。是英雄就同路吧！在這場「業務為王」的盛宴裡占有一席之地，並頭角崢嶸！

今天是五月十七日，我的生日。

就在今天開始動筆，寫下我的第十本書。上一本書《開創錢脈一百招》，最後兩行「卷末的溫柔，萬般的叮嚀，也是下次重逢的開始。」一晃眼五年過去了，親愛的讀者，我們再度在書中相逢。

「大哥，今天是你的生日，老媽和我，祝你生日快樂，身心愉快！」

早上十一點三十七分，與我同住、共同照顧失智母親的二弟傳簡訊過來，我看完後馬上眼眶泛紅，淚水在眼裡打轉。老媽已經沒辦法祝我生日快樂了，以前每年的這一天，不管我在天涯海角，她都會打電話來，「建志（我在家裡的稱呼）啊，生日快樂喔！」然後是傳來媽媽一陣爽朗的笑聲。

有一年，她還透過電話，唱〈生日快樂歌〉給我聽，想必是慰勞這個為了家庭生計奔波的兒子。而今，已失智八年的母親，身體每況愈下，已經沒有辦法再用言語溝通，我只能每天摟著她，告訴她我有多愛她！相信如果她能，一定會再祝她這個寶貝兒子一聲生日快樂吧！

決定再動筆寫下第十本書，主要也是為了母親的愛，我還要再走下去。究竟還有多少里路我才能安歇？「Are miles to go before I sleep.」還有多少承諾等著我們去兌現？還有多少愛要我們去延續？

美國詩人羅伯・佛洛斯特（Robert Frost, 1874-1963）善於運用簡單的口語來表達詩中深奧的意境，並和人生相契合。他的一首名詩〈雪晚林邊歇馬〉（Stopping by woods on a snowy evening），描寫一名趕路人，在雪夜獨自騎馬，偶爾佇立在林邊稍事喘息，此時：「森林又暗又深真可羨，但我已經有約在先，還要趕多少路才安眠，還要趕多少路才安眠。」（余光中譯）

The woods are lovely, dark and deep,
But I have promises to keep,

And miles to go before I sleep.

And miles to go before I sleep.

催飛雪壓雲低，路漫漫迢迢，責任在身，何時才能安眠呢？得到腎腫瘤的嚴長壽還在趕路；台塑王永慶直到九十幾歲還在奉獻人生。人生如戲，我們無法決定戲何時落幕，但可決定演出的每一天都要精采萬分。

昨天到統一超商購買到南山台中分公司的高鐵車票，在櫃台結帳時居然被店長認出來了。

「咦，你不是……我有看過你的書。何時再出新書呢？」

「你有看過嗎？對你有幫助嗎？」

「你的書不只做保險，待人接物、應對進退，都讓我受益良多呢！」

我瞄了一下胸前名牌，店長姓董，很篤實的一個年輕人，誠摯的笑容掛著滿滿的期待。還記得前年到翡翠球場和陌生人尬組打球，也是無意中被人認出來，我紅了臉，實在很不好意思。

「咦！你是林裕盛嗎？我看過你的《成交凌駕一切》那本書，對我幫助很大呢！」

「真的嗎？」

「當然啦！我是做環保工程的黎德明，本來我們公司報價是先算成本再加利潤上去，結果和客戶要的價錢差距太大接不到單，後來看了你的《成交凌駕一切》這本書，先把有競爭力的報價訂下來，再想辦法cost down，生意就搶到了。哈哈！林先生，謝謝你！」

中壢林美玲經理和她的妹妹，昨天帶了鮮花和蛋糕來台北參加我的慶生晚宴，飯局中林妹妹端起紅酒敬我。

「老大，我真的很感謝您，我菁英班的徒弟說是來拱我業績上高峰，我從您書上用了一招『求人兵法』，在一天之內收了十二件，客戶真是有『求』必應啊！我就是賭一口氣。您的書在我最低潮的時候，給我生存下去的勇氣！」

以前的書生報國，舞槍弄劍；現代的書生報國，舞文弄墨。事實上，有廣大讀者的回響與無數業務尖兵同志的支持，才是我度過從母親生病以來，人生低潮的力量來源！真心的謝謝你們。

英雄同路，業務同行。劍在手，問天下誰是英雄？

林裕盛 二〇一〇年五月十七日

01 態度凌駕一切

態度是通往成功人生的金鑰匙

態度決定高度，態度凌駕景氣，不是景不景氣而是爭不爭氣；態度即使講得陳腔爛調了，它仍是金科玉律！

我們在不斷的學習中厚植實力，在堅強的實力中不斷努力（拜訪客戶）；在不斷的努力中尋找運氣，在連續的運氣中創造成功；在累積的成功中孕育自信，最後在高度的自信中獲得成就。

這個行業從來沒有容易過

「老大，這個週末我出去做陌生式拜訪，被客戶拒絕的機關槍掃射，連中了六槍。我雖然很沮喪，但不會就這麼輕易被打敗，我相信這不算什麼，往後的困難還多著呢！」

這是一位新人在遭受挫折後發給我的簡訊。另外一位也是新兵，原本在中醫診所當助理的林明輝，中等稍胖的身材，理個小平頭，臉上永遠掛著愣愣的淺笑，讓人搞不懂他是真愣還是假愣。

「師父，感激您的鼓舞與激勵，原以為賣保險很簡單，真正投入以後才發現，其實並沒有那麼簡單，每一張保單幾乎都是不可能的任務。天兵留」

署名「天兵」真是讓我噴飯。他的外號叫天兵，平常很難教，但他也很難陣亡。

繼續往下看：

「有次在水茗樓①聚會時，處經理說以前曾經為了不知道明天的業績在哪裡，半夜在棉被裡恐懼的流淚。您這麼強都這樣了，更何況是我們呢？我知道我的淚水不會白流，我的辛苦不會白費，我會努力拚命賣保險直到成功。」

§

我喜歡跟新人分享「動物星球頻道」獅子王的故事，許多業務同仁深受鼓舞，紛紛向我分享心得。

「報告處經理，今天在大安上ＩＬＰ課程。每天喝水的小獅子明輝」

「放心啦！我會在不斷的努力中尋找運氣，喝水只是必經過程，小獅子會長大的！謝謝師父的鼓勵」

獅子是群居的動物，兩、三隻公獅配七、八隻母獅，再加一群小獅子，形成一個獅群。小獅子慢慢長大，到兩歲時，公獅子會被趕出獅群；如果是雌性則可繼續留下，將來用處比雄獅子強得多。小公獅子被趕出獅群，到處流浪，憑著陪媽媽出去打獵的經驗，也想嘗試捕捉斑馬、羚羊，但體型哪有媽媽強壯，搞了幾個月什麼都沒捉到，餓成皮包骨，天天在河邊喝水。

儘管如此，人家小獅子也沒想放棄啊，牠幼小的心靈雖因飢餓備受打擊，也沒說要陣亡啊。（那我不幹獅子了，轉行去做烏龜好了！）看看許多新進業務員，訓練一個月、進入市場一個月，被客戶拒絕兩下，腦袋全糊了，鬥志全沒了，心裡只想著這個行業不能幹了，太困難了！

我現在明明白白的告訴你：這個行業從來沒有容易過，只區分為困難、很困難、非常困難，過去、現在、未來都一樣。我們選擇人壽保險行業從來不是因為它容易，而是困難背後的機會。世界上有容易又高收入的行業嗎？如果有的話，你告訴我，我們統統跟你走。

①裕盛區每月一次週末的「夢想起飛下午茶讀書會」，台北市長安東路的水茗樓茶館是聚會地點之一。

看看小獅子怎麼突破困局。

大單做不到，改做小單吧！

飢腸轆轆的小獅子在河邊喝水，看到一大群肥美的羚羊從眼前跳躍而過，心裡邊思索著，既然斑馬、野牛、羚羊只是「暫時」捉不到，現在能活下去最重要，就先從抓小兔子、小老鼠開始吧！

好漢不怕出身低，好獅不怕吃小肉，只要我長大，只要我長大……

慢慢，慢慢，一兩年過去了，四歲的雄獅已逐漸茁壯，蛻變為萬獸之王，然後開始增員，找到共同流浪天涯的夥伴，接著回去攻打獅群的公獅們。面對年約八、九歲，已經垂垂老矣的公獅群，勝負顯而易見，當然打不過正值壯年的雄獅，不是棄甲而去，就是光榮戰死，新的獅王誕生了。

母獅們不得不咋服，緊接著新獅王咬死所有前朝遺下的小獅子。看似殘忍，實則蘊含著只有最強才能繁衍下一代的物競天擇原理，然後和母獅交配出屬於自己的子嗣，安安穩穩做牠四年的獅子王……

連小獅子都懂得不能放棄的道理，堅持叢林之王的貴族血統，那麼，同樣流著業務員貴族血統的人壽保險推銷員，又豈可輕言放棄？

向小獅子學習吧！永不放棄，迎向曙光！

關於獅子還有一個選才的畫面，母獅在獅群移居之前，會在一窩小幼獅之間嗅了嗅、撥弄一番，然後叼起一隻移走；回頭再次撥弄六、七隻幼獅，再叼走一隻；同樣的動作重複三次，叼走了三隻小獅子，然後拋下剩餘的、不合格的幼獅群，「一去不回頭」！

連母獅都懂得要選才，更何況是我們呢？

成功都來自運氣嗎？

在職場上，我們總是以酸葡萄心理說，業績比較好的同仁是運氣好，他們碰上好的客戶願意支持，我只是運氣差。真是這樣嗎？

「沒有運氣這回事！」

即使是中樂透的人，絕大多數是因為他們會一直買，而我們通常只會偶爾想到去買幾張，買了幾次沒中，就覺得好傻又不買了。報紙上報導，有一位中獎者，從年輕一直買到六十九歲才中，真是皇天不負苦心人。**面對好運氣的態度只有一個，就是在不間斷的努力中去尋找，不規則的努力永遠被摒棄在運氣的門外。**

但是，你相信人壽保險這個產品到什麼程度？你收取的保費和保額之間的連動關係是什麼？既然存在買賣的事實，我們就是生意人。但我們的交易額是什麼？不是區區幾萬元的保費，而是動輒幾百萬，甚至幾千萬的保額。面對這樣鉅額的數字交易，業務員要專業到什麼程度？你，真的夠格嗎？

如果成交了，我們賺取佣金，客戶則賺到保額。你的內心深處認為完成這樣一筆交易，到底誰的獲益多？

如果你仔細思考，答案非常清楚，當然是客戶獲得的利益比我們多太多了。我們的佣金不用一年就花光了，但客戶這張保單的利益，卻長長遠遠地守護客戶，帶給他和家人一輩子的利益。基於這個道理，你明白完成交易後，到底誰要感謝誰了吧？

又基於此，每次面對決戰的當口，你何懼之有？如果你心中只有佣金的算計，當然怯於開口；如果你堅信人壽保險的mission，你就會勇往直前了！請牢記，commission 遠小於 mission；完成 mission才有 commission。

你真的認同，人壽保險對客戶而言，是一個價值連城的資產嗎？你以為客戶掏腰包買保單，是在降低生活品質，還是提升生活品質？

風險的分擔（買保險）是要付出代價（保費）的，但不願意付保費的結果，卻是要付出更慘痛的代價。所以，不是你不買保險，而是你已經成為保險公司了，請自行負擔風險。唯有確信你在銷售保單時，是在進行一項 mission，你才會使出渾身解數，如果腦筋裡面徘徊的盡是業績與佣金的算計，你將會寸步難行。

「要賺錢，不一定要做保險吧！還要成天得被客戶拒絕和看人臉色！」一旦出現這樣的想法，你離成交就愈遠了；對你來講，成為一個偉大的人壽保險推銷員更是遙不可及！

渾身解數的定義之一，是你能否有「穿線入針眼」的處理手法，這是何等的細膩。包括在會談失敗撤退時，能否在客戶的全家福相片前一鞠躬，口中念念有詞：「小明，對不起，阿伯（或阿叔）已經盡力了，無法說服你爸媽為你買一張確保你們將來生計、教育無虞的保單，原諒阿伯的無能吧！」這樣戲劇式的演出，或許能感動在一旁準備送客的準客戶大驚失色，進而反敗為勝。你對成交的態度有堅定到如此程度嗎？

對於自家公司的虔誠信仰

你相信自己的公司到什麼程度？或者說，你熱愛自己的公司到什麼程度？

目前台灣有保險公司、經紀代理人公司、銀行的保險部門……基本上每家都受金管會保險司的監督，在財務營運上應該都沒有什麼大的問題。我的忠告是，既然選擇了這家公司，就好好忠誠的做下去，不要輕言跳槽。外勤如山，不動如山；內勤如浮雲，東飄西蕩。長久的經營下去，才會建立你的聲望、贏得客戶的認同與尊重；若是為了短利而經常跳槽者，不僅失去客戶的信賴，同時也失去在這個行業飛黃騰達的機會。

不要相信別家公司會有驚世的產品，能讓你攻無不克。你想想，除非人類的壽命延長到兩百歲，大家使用的都是相同的生命表，否則所有公司的產品都是大同小異，依靠同樣的利率，頂多營業費用率有差別，別家公司有的產品，你的公司一定也有，保險的產品不外乎死亡險、醫療險、養老險三大類，還能有什麼一錘定江山的新產品出現呢？更何況，如果一個人壽保險推銷員靠賣產品成交客戶，他已經是二流了，因為我們不是賣保單，而是在販售我們的人格與客戶對他家庭的愛。

人永遠在產品前面，這就是人壽保險這個行業的困難與機會之所在！

§

你相信現在的公司會發展到什麼程度？

老掉牙的勵志故事是，你看到一片空地時，心裡面想著將來要蓋成什麼房子，在那當下，已經決定了房子的大小；人壽保險事業也一樣，在你進入這個行業初始，你抱定什麼樣的志向，就已經決定了將來格局、成就的大小！我們談的既然是一個「事業」，就不單只是賣保單而已，而是從賣保單進而到賣合約書。一個人怎麼叫「事業」，這個道理你應該很清楚。

某日早上，我去中心診所幫我母親拿藥，走進旁邊的麥當勞點一杯冰咖啡，瞥見每個工作人員的左胸佩戴了新的標語：「成就你的成就」，上下兩個成就堆疊在一起，非常醒目。個人銷售達到一定的水準可謂之「成功」，藉這個「個人成功」的經驗培育後進，將來（三、五年）身邊有一大群成功的人圍繞著你，此之謂「團隊成就」。

你在公司要發展到什麼程度？止於銷售還是進階組織？

答案不問自明，本書將致力於幫助你，從銷售的功夫循序漸進，直到建立偉大的團隊成就為止。

人壽保險的銷售，是世上最困難的工作

我們應該感到慶幸，這世上還有這麼困難的工作給我們做，因為最大的困難代表最高的收入與最深的挑戰，年輕人選擇工作不應看它難不難，而在洞悉困難背後的機會。

選擇了這個行業，代表你獨具的眼光與志向，接下來，就看你願意下多深的功夫去證明你的優秀了！

你是懷抱什麼樣的態度進入保險業的呢？

利人利己、損己利人、利己損人、不利己又不利人，你診斷出自己是哪一種行為模式？在利他的大前提下，同時改善自己和家人的生活品質。

伊森・霍克（Ethan Hawke）在《惡夜特警隊》（Brooklyn's Finest）裡飾演一位愛家的警察，一心想換個大房子給太太和小孩有個更舒適的生活，卻因收入微薄進而鋌而走險，想要私吞一位汙點證人的毒品交易黑錢，最後命喪黑幫之下。這是一種悲哀，行不由徑的悲哀！賺錢應當取之有道。

那麼，既然要有高收入，既然要貢獻社會，就挑最難和最有社會意義的幹吧！

每天都有人選擇進入這個行業，連夜進京趕考，不過數年時間，就在這個行業發光發熱、飛黃騰達；每天也都有人離開這個行業，禁不住市場和客戶的嚴酷考驗，黯然離場，辭官歸故里，飛入尋常百姓家。這中間的差異是什麼？偉大與平庸的一線之隔，不在制度，而在態度。

客戶的家門口永遠架著一把機關槍，裡面是源源不絕的「拒絕」子彈，我們每天在客戶拒絕的槍林彈雨中匍匐前進。「免」啦！推開客戶大門，報完南山人壽，就是一碗麵飛過來。面對拒絕的態度是如何？人壽保險本來就是一個被拒絕的市場、買方市場，任何企圖從產品著手的保險推銷員，若是嚴重偏離了成交的航道，最終會迷航在人群裡，消逝無蹤。

做保險沒面子？一輩子窮才真沒面子

父母窮沒關係，不好的環境給我們最大奮鬥的動能！今天窮沒關係，老而窮才是人生最大的悲哀！

很多人從事各式各樣的業務推銷：汽車、房地產、圖書、化妝品、事務機器，就是不屑做保險。說不屑是恭維他們，骨子裡其實是不敢嘗試吧！總覺得做保險天天要看客人臉色，很沒面子。

今天我們就把這層薄膜戳破吧！

大企業家、潤泰集團總裁尹衍樑說：「工作無分貴賤，沒有卑賤的工作，只有卑賤的人格。掃廁所、賣雞排、幹保全、清道夫……都是高尚的工作，總比一個做錯事卻死不承認的總統來的高尚！」這話真是一針見血！

《讀者文摘》也提到，「很多人自以為偉大到不屑於做小事，一定卑微到不足以成大事。」做保險要求人、要看別人臉色，其他行業的業務員就不用看客人臉色了嗎？或許房子就剩這一戶，車子就剩這一部，買不買隨你！你氣勢很強哦，但你有沒有想清楚，好賣的東西老闆會給你多少獎金，你又企盼從事「商品在人前面」的工作，會帶來多高的收入呢？「公鬼免假細禮」，進廚房就不要怕熱，不能又要偉大又要舒服。想要高收入，就挑「人在產品前面」最困難的壽險事業幹吧！

「人在產品前面」的推銷工作，這樣的銷售才會凸顯你的價值，公司才會認定產品銷售成功是你的功勞，也才會給你合理的報酬；君不見無論汽車、不動產、事務機器……有形的商品，公司主要經費都耗費在研發上，只要有創新產品出現，如小筆電、iPhone、iPad、汽車新車款……不勝枚舉，誰來賣都一樣。

客戶是要買辛苦研發的「產品」，不一定要透過你這個「愛面子」的業務員。所以，你在那些公司上班，充其量只是個「性能說明員」、「價格比較員」，再加上個「送貨員」，這樣的工作誰都能勝任。沒錯，多少會遭受拒絕，客戶本來就想要的東西他拒絕你什麼？既然這些有形商品的成交關鍵不在你手上，你憑什麼奢求高薪呢？

「但那些行業有底薪啊！」

為了底薪就不要做業務了，找個事少離家近的內勤不就得了？再說，業務工作真的有底薪嗎？其實那是先發給你的佣金。公司在你身上賭一把，當你三個月沒業績了，你還領得下去嗎？我求求你醒來吧！雷夢娜。

人壽保險的銷售很困難，但困難是老天給的最大恩賜。人壽保險的銷售沒有辦法靠DM、電話行銷，只能依靠每天在街頭日曬雨淋的穿梭、每天在客戶拒絕的子彈間穿梭又打不死的業務員，去完成每一筆的交易，這就是我們致富的途徑。

穿越困難，永不放棄

古今中外，沒有一個創業家沒讀過貧窮大學。貧窮是我們最大的恩賜，困難是我們最好的老師！

中國大陸最大的商務網站——阿里巴巴，創辦人馬雲在杭州當英文老師，曾經月領八十九元人民幣，現在身價十億美元。馬雲曾說：「流淚沒有用，創業者沒有退路，最大的失敗就是放棄。」這句話講得很激勵人心，下面一句更有力，「今天很殘酷，明天更殘酷，後天很美好，但絕大部分的人死在明天晚上，所以每個人不要放棄今天！」馬雲，誠網路狂人也！

人壽保險是無本創業，年輕人白手起家的最後一塊堡壘，它會讓你痛苦到半夜躲在棉被裡偷偷哭泣，但你若不放棄，撐過每個晚上；明天過後，你就是一條傲然的好漢。請記得，**流淚也沒用，選擇一個對的行業，永不放棄，狹路相逢，勇者勝！**

努力躋身「新富裕層」吧！儘管二〇〇八年的金融海嘯讓很多有錢人身價銳減，

但經過了兩年，還是回到了二八定律：百分之二十的有錢人恢復了原來的身價進而過之無不及，牢牢掌握了世上百分之八十地球上的財富；M型的另外一邊依舊哀號不已，掙扎於窮困的邊緣。

舊富裕一族的財富來自兩大類型：（一）土地不動產；（二）創業後股票IPO（Initial Public Offering，企業首次公開募股）。比較令人佩服的是Facebook的創辦人還是拒絕股票上市：Facebook CEO in no rush to "Friend" Wall Street.

這兩種類型的舊富裕族，都是手無寸金的年輕人無法企及的，然而悲觀不是我們的權利。新富裕層開啟了另一扇致富的窗，它的型態是「專業致富型」，這個光聽就讓人心動的名詞，來自日本作家本田健《普通人也能成為億萬富翁》一書。

根據美林證券的「世界財富報告」指出，金融海嘯以來，全球資產百萬美元以上的富翁，二〇一〇年已達一千一百二十萬，較二〇〇八年增加百分之十四；已開發國家的十億人口，最有錢的百分之二十富翁，掌控了百分之八十六的消費與百分之八十的國內生產毛額。正處年輕歲月的你，能不深自惕勵嗎？先做富裕的年輕人，再做有尊嚴的老人，何以致之？

本田健的書中指出，專業致富型的新富裕層有五個因素要掌握：（一）從事自己喜歡，也能為別人帶來幸福的工作；（二）擁有一群互相信賴的夥伴；（三）要有把眼光放遠的視野，工作才有未來性；（四）要有無畏橫逆，堅持下去的毅力；（五）常常幫助別人，自己需要時才能得到奧援。

書裡面提到兩個指標很有意思：其一，當你想發動一件事時，能動員三十個人以上支持你嗎？其二，當你有困難時，能找到十個人以上願意幫忙嗎？仔細想想，他所提的五個因素，不就和人壽保險事業相契合嗎？大概只有第一個因素的前半句——「從事自己喜歡」的條件你無法接受而已。

問題在於，當你認同人壽保險這個產品會給別人帶來幸福時，你就會慢慢喜歡上這個工作了。我也順便告訴你，沒有人從小就立志將來長大要成為保險從業人員；大學畢業一退伍，我正準備到華盛頓州立大學（西雅圖）去深造呢！

新富裕層的崛起，給我們帶來 項新希望：致富，不一定要靠家族庇蔭；不一定要有土地，不一定要集資父母的退休金，男女朋友湊錢去創業，憑著保險銷售工作，你也辦得到！

致富的五個密碼

印度電影《貧民百萬富翁》賣座到不行，為什麼？因為「致富的渴望，藏在每個人心中」。活著要致富，死也要重如泰山（鈔票），好好撈一票。

二〇一〇年五月，《中時電子報》刊出「富士康」連連跳，「一跳」換全家吃穿：鴻海旗下大陸子公司「富士康」繼續十跳後，今日（五月二十五日）再傳出第十一跳。究竟什麼是鴻海董事長郭台銘口中說的「大家都不了解的『真相』？」回顧二〇〇九年七月，富士康「第一跳」員工孫丹勇墜樓自殺後，父母可獲得三十六萬人民幣（約台幣一百七十三萬）的「撫恤金」，另加每年三萬人民幣的「贍養

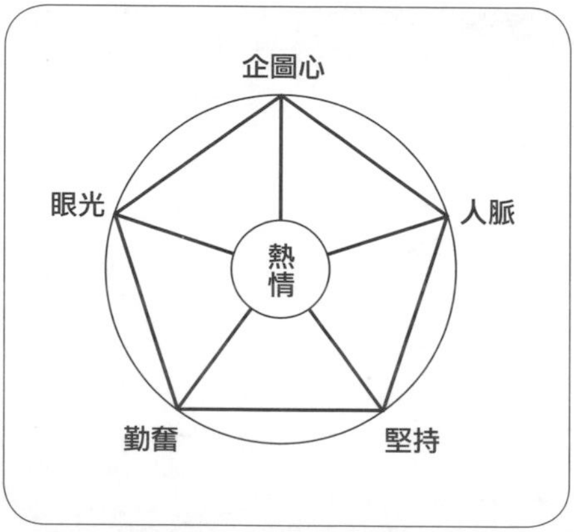

費」之優渥撫恤條件，似乎印證了「一跳保全家」、「要死，就死在富士康」的說法。如果真是這樣，那真是太悲哀了，生命與青春太可貴了，活著，也可以致富啊！

億萬富翁的三個條件是：（一）追求財富的強烈願望（企圖心）；（二）入門的導師及夥伴（人脈）；（三）選擇致富的途徑（眼光）。

若再加上「勤奮」與「堅持」，則形成致富五密碼。中心點是九陽神功「熱

情」，外圈是金鐘罩「態度」——學習的態度、被要求的態度、面對拒絕的態度、與人共事協調的態度。「熱情」更不用說了，它是發動機，啟動了它，其他五個密碼方可運轉自如。

然而，最大的關鍵在於「眼光」，你要選擇什麼樣的途徑去致富呢？有七個公認的途徑：（一）員工分紅（加入大企業如台積電、聯電、聯發科、宏達電……）；（二）創業投資自己當老闆；（三）連鎖加盟店；（四）業務報酬最高的銷售工作；（五）不怕被淘汰的專業能力（如語言能力、即時口譯）；（六）網路商機；（七）投資股票房地產。

本書跟大家談的，主要是指第四個途徑——高報酬的業務工作。如果這個工作還有累積性，再加上組織發展（連鎖加盟）的三合一，那就是千載難逢了：人壽保險事業！另外一提的是，致富的途徑我經常加上（八）樂透；（九）一樁帶來財富的婚姻。哈哈！

勤奮與堅持，是一輩子的課題

前幾天，我從台北市五常街逛回公司，走到龍江路口轉角時，抬頭看到紅底白字、亮晃晃的招牌——「勝口味」大腸蚵仔麵線。我心想，咦！不會是我住天母住家附近那一家吧？我進南山第二年拚到的第一棟房子，位於中山北路七段，往北走七段一百八十號、警察局對面公車總站斜角窗有一家蚵仔麵線，我看著它從無到有發展起來，初期生意離離落落到後來的門庭若市，從夫妻倆胼手胝足到後來請了四、五個外勞……

現在開分店了，不得了啊！「讓你吃完會懷念，沒吃會想念。」簡單的白話文一點也沒錯。後來我因為要照顧失智的母親，在內湖父母老家旁又買了一戶大樓住宅就近照顧，很久沒回天母去吃那會令人想念的蚵仔麵線了，今日踏破鐵鞋無覓處，居然在我公司旁開了一家分店。推門一進，牆上「堅持」幾個大字，配上幾行趣味的註解，很有意思，特別抄寫下來分享給各位：

「勤奮」不願輕言放棄任何事的翁老闆
經濟壓力曾從事計程車業
寒苦的生活迫使老闆每天工作十五小時
徹底改變了想法，骨氣與決心轉行小吃業
「堅持」決心堅持下去
再向親戚借了五萬元在天母重新開始
初期店面小、設備不足、生意差
每個月的利潤甚至連房租都付不起
但翁老闆卻不肯向命運低頭

咬牙堅挺下去
一直不斷朝品質提升和改良的方向努力
為的就是能看到顧客幸福滿意的笑容

原來，「勤奮」與「堅持」是所有行業的致富密碼。王永慶先生講究「勤奮樸實」，也是這個道理啊！「企圖心」有沒有埋在你內心深處？

當初引你入門的主管你要感激他，幫助你成長的貴人都是你的「人脈」，「眼光」是否獨到要靠敏銳的嗅覺。天道酬勤古有明訓，人壽保險事業的「勤奮」和其他行業沒兩樣，凡含淚播種者，必歡呼收割；英雄不流淚，流淚真英雄；頒獎台上掌聲笑聲齊飛，台下淚水汗水齊揚；成功者背後總有不為人知的努力，失敗者背後也只有你自己明白的懶惰。擇善固執，沒有「堅持」的決心，做任何事都是「為山九仞功虧一簣」，但記得要擇「善」！

吃完麵線推開門，剛好老闆來視察。

「頭家，抹簡單呢，開分店啦！」我向矮壯身材的翁老闆道賀，他認出我來，老闆的臉上堆滿笑容。

「多謝多謝，林桑，你很久沒來吃啦！」

夕陽餘暉中，我緊握他的手向他致意。天下無難事，只怕有心人。

我們都嚮往有錢有閒

有一次，我在台上演講，一開講我就在台上寫下了「有錢有閒」這四個大字，分為四個象限：（一）人上人（有錢有閒，天上人間）；（二）退而不休（有錢沒閒，公司創辦人，等死、過勞死或猝死）；（三）遊民（有閒沒錢，虛擲青春）；（四）苦勞（沒錢沒閒，上班族，拚死也贏不了）。

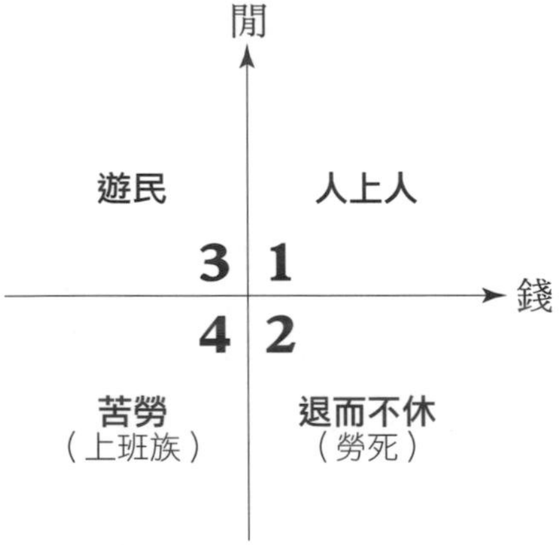

「這是我們這一生追求的最高境界嗎？」問完這句話，台下有很多人點頭。

「喔！那恭喜大家，你們進了保險業，至少都完成了人生目標的一半『有閒』，整天晃來晃去，不用打卡，隨時上下班，也沒人敢罵你，業務員有業績最大，沒業績更大。」

眼看台下笑成一片，我接著神色一凜。

「早上嘛，十點才到公司，翻翻報紙、打打建議書、和同事串串門子……一看錶『叫便當了』，不久，三五成群聚在業務員桌吃便當、聊天，愜意得很，接著趴在桌上睡個午覺，然後總算出門了。逛逛街，順便做個頭髮，再看錶，哇！快五點了，我家寶貝要下課了，我得趕快去接他；或者，我家老公要下班了，我得趕快回去煮晚飯……『忙』了一整天耶！半個客戶都沒見，然後期待下個月發薪日有很高的薪水，年收入破百萬，這有可能嗎？」

業務員的成本是時間，保險是用做的，不是「坐」著等時間耗掉！有閒很容易，躲著客戶就好了。有錢有閒，難如上青天！

最近幾年有兩個名詞很盛行，切開了社會的分流，你不得不正視：（一）窮忙族（Working poor）；（二）享壽族（Best ager）。

（一）窮忙族（Working poor）：屬於象限的第四族沒錢沒閒型。定義是超時工作但年收入卻低於整個社會平均收入百分之七十，屬於窮忙一族。拚是夠拚了，但支出永遠大於收入，像一隻關在鐵絲籠裡跑圈圈的老鼠，永遠跑不出那個牢籠。

會拚並不一定贏，在錯的位置、錯的行業，永遠沒有出頭天的一天。像勝口味的翁老闆，歷經一天十五個小時計程車行業的苦澀之後，終於決定轉行創業。如果沒有當時的勇氣放手一搏，也就沒有今天三家連鎖店的規模，還可以氣定神閒的四處視察了。

黎智英先生講得好，成功是要「落場搏鬥」的。要擺脫窮忙族（建築工、清潔工、快遞、上班族……），就看你有沒有智慧與勇氣。鯉魚都知道要躍龍門，何況是人呢？

（二）享壽族（Best ager）：他們就是有錢又有閒，遍布於五十到六十歲，有錢又肯花錢。趙少康先生在電台上介紹銀海號的旅遊，銀海號（Silver sea）高檔郵輪擠滿了許多權貴人士，杜拜帆船飯店也住滿了這些人。但是，這些人卻比一般人長壽，將來的日子還長得很。平平是人，為什麼差這麼多？

享壽族的上流社會又上下分流，區分為「一般富有」與「超級富翁」（年收入五百萬美元以上）。保險從業人員則有機會可以達到「一般富有」（資產三千萬美金以上），找一個會贏的地方來拚吧！進階享壽族指日可待，將來一定也要搭上銀海號，體會人生的明媚風光！《富爸爸窮爸爸》一書暢銷全球，你應該看過了吧？So what，改變了你的想法與命運了嗎？

今天就辭職吧！

你做業務，不見得會富有；但如果你不從事業務，你連富有的機會都沒有！若要致富，今天就從第一象限辭職，進入第二象限吧！

下列的圖表，左邊第一、二象限，從第一到第二象限讓你跨越貧窮的鴻溝；右邊第三、四象限則是有錢人。第三象限是老闆，擁有一個系統，一群人幫他賺錢，如鴻海富士康的郭台銘，擁有左邊這一群不知醒悟的員工幫他日以繼夜、夜以繼日的打拚；第四象限是典型的標竿，代表人物是巴菲特，從來不用打領帶，擁有一個系統，一堆錢幫他賺錢，連與他共進午餐，都得上網標個幾十萬美金才有機會。

今天就辭職吧！加入壽險行銷的行列，你也可以發展到第三象限，擁有一群人幫你賺錢；更可以發展到第四象限聰明理財，踩著巴菲特的步伐前進，與投資理財共舞！讀書有沒有用，端看你有沒有實踐的勇氣」。

成功在於落場搏鬥

我有一次應邀為北二區做一場大型創業說明會，地點位於新生南路福華會館，當天現場擠爆上千人，原來樓上、樓下只容得下七百人的座位。上台前，黃仲宏副理遞給我一張便條紙，說道：「老大，我列了在座大多數年輕人心中的疑惑，待會您上台有機會跟他們闡述、開釋一番！」

打好字的A4紙，工整的條列五個問題：

一、家人反對去賣保險。

二、三十五歲以上轉換跑道沒勇氣。

三、沒有人脈。

四、保險市場已飽和。

五、二十來歲年輕人找業務工作，仍然比較喜歡找是自己「興趣」的為優先。

家人應該不是反對你去賣保險，而是反對你的人生以失敗收場吧！其實也不是只有你的家人反對，全世界所有認識你的人都反對你去賣保險吧！大家都反對，你自己呢？有沒有意見？

家人反對可能是怕你吃苦，朋友反對可能想到又得掏一筆錢打發你。人壽保險這個事業有沒有前途，你自己要蒐集資訊。畢竟，沒有人欠你一份事業，更沒有人欠你一份成功，雖千萬人吾往矣，這句話的真義是什麼？但你也得明瞭，不要期待全村會敲鑼打鼓、張燈結綵歡送你去賣保險，這是不可能的，苦心孤詣正當其時！等到你將來成功了，記住，用成功回應他們當初的反對吧，保證你會得到不一樣的答案。

初入行那一年（民國七十一年），我和小弟搭中興號南下故鄉南投，找二舅媽捧場買保險。

「什麼風把你們吹來了？來來來，一趟路餓了吧！先吃中飯……」

舅媽開了一家中餐廳，臉上堆滿笑容，招呼我們兄弟吃了一盤蛋炒飯，我們兩個楞著頭一直等到下午三點餐廳休息時間。

「舅媽呢？」詢問工作人員後，才知道她早已從側門先走了。在回程的中興號上，我眼眶噙著淚，一直安慰小弟不要哭。民國八十八年九二一大地震，四個舅舅房屋全震垮了，小弟開著我的賓士車陪母親回去探望他們。舅媽看到我，劈頭就說：

「當初我就知道你保險一定會做得很好！」

「謝謝您，二舅媽，那一頓蛋炒飯激勵我到現在！」

三十五歲以上轉換跑道沒勇氣？你這樣講，我實在不知道要怎麼激勵你。如果你沒有改變的勇氣，那就在原工作繼續窮吧！安貧樂道也不是什麼壞事，至少與世無爭。理想與收入本來就在天平的兩端，要嘛你就放大收入吻合理想；要嘛就縮小理想吻合收入，誰也怨不得誰！

人生恰如四季，處在生命的中間，正值年輕力壯，工作經驗有一些了，人生智慧也增長了一些，正是轉換跑道好時光。給自己一份最好的禮物——勇氣吧！

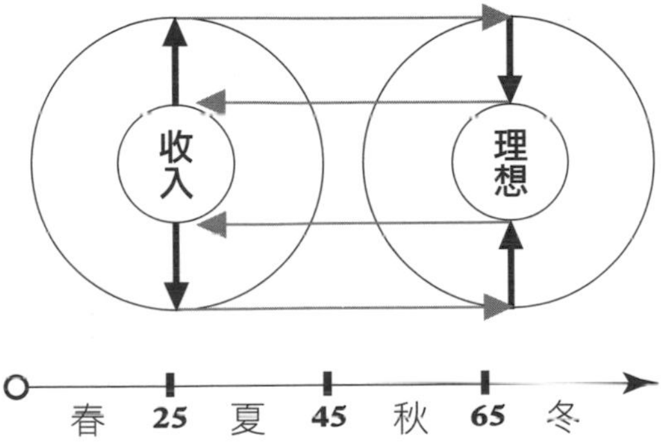

你該換工作了嗎？

工作差，是跳槽還是換工作？位子決定銀子，但腦子決定位子。人一生的成敗，端在一個位子的抉擇。光靠努力是不能一日千里的。只有獲得觀念的突破，跳出舊思維框框，抉擇人生的定位，才會活出精采好運道。

這幾年台灣經濟每況愈下，企業不斷的縮編或出走大陸，留下來的每一個員工，不是工作擔子愈來愈重，就是面臨薪資負成長的窘境，但失業率居高不下，走了馬來了驢，真是欲走還留，內心煎熬無處訴，有苦難言矣！

有的專家說，不要看輕自己，更不能看輕任何工作。要珍惜每個工作機會，縱使工作是驢也要當馬騎，不努力工作的話，公司垮了你也垮了。把今天的工作做好，明天的工作才會等著你。「吃碗內看碗外」是不會成功的，滾石不生苔嘛！說得真對。

有的專家更說，年輕人何嘗不該多一點冒險心，機會跟成長總在舒適圈外，應該試著在這股景氣亂流中，找到最好的機會。

正所謂「亂世出英雄」，三年一小跳，五年一大跳，世界唯一不變的真理就是變。騎驢就當找馬，否則等到在公布欄上看到自己的解僱名單時就來不及了。變動是必要的，常變動才會讓你這顆人才寶石顯得光滑亮麗。畢竟，滾石才不會生苔，淤泥成腐那就玩完了，說得對極了。真是換不換工作，跳不跳槽千般難，怎麼說呢？

到底是與公司共存亡，忍一時風平浪靜，還是此時不跳非英雄，與其坐以待斃，不如海闊天空任遨遊？決策的關鍵到底是什麼？興趣？夢想呢？舞台呢？能耐呢？在在考驗你的智慧。

我的想法是，如果是換工作，就不必了；如果是闖事業，則一刻不須臾留。工作有什麼好換的？下一個老闆未必更好，這個公司好死不如賴活；一跳過去沒幾個月，弄不好新公司就倒了，屆時豈不呼天無門，自作孽不可活。更何況，有可能從三萬元的薪水跳到九萬元月薪的公司嗎？頂多加點薪水甚至還有可能降薪以求，為的是換一個願景。如果是另一家公司的工作我比較有「興趣」，那就更不必了。

要知道，興趣不能當飯吃。年輕人，吃飯比興趣重要，要為現實生活而做事。工作僅只是糊口、維生，談不上理想或抱負，犯不著換來換去的，到老一場空。

創業就完全不一樣囉！

觀察創業與工作有四個指標：（一）老闆是賺佣金的，員工是領薪水的；（二）事業的規模應該愈來愈大；（三）創業的收入應該是主動累積而成長；薪水則是被動等待加薪；（四）創業的收入是自己開創的，薪水則是人家給予，生殺大權在誰手裡，誰就是老大。

前兩天我為小弟看了一部車，約了汽車sales到咖啡店簽約洽談。

「徐振祥啊！車子賣幾年了？九年，九年怎麼還開這種車，行情好像不怎麼好喔！」

「是啊！林經理，這年頭車子不好做，尤其是我們的韓國車更難賣，客戶動不動就比價，簡直沒利潤嘛！」

「哪像你，看一次就簽約，還不殺價，已經很久沒有像你這麼上道的客戶了。」

徐振祥，三十一歲的年輕人，他用充滿感激的眼神看著我。

「其實，我有認真想過，是不是該換跑道了，車子是跑很多次賺一次，還不一定會賺到；保險卻是跑一次，可以賺很多次，還可以發展組織，把know-how傳承下去，像企業般永續發展。平平是做業務，哪ㄟ差那麼多？」

如果做銷售，你不一定會有錢。如果你不做銷售，你連富裕的機會都沒有。

銷售是領佣金的，是可以一分耕耘，十分收穫的，是無本創業的。換言之，銷售工作是年輕人向未來挑戰最好的創業跑道。

當然，你要吃得了苦且選對銷售行業，抉擇的智慧與下決心的勇氣更是不可或缺。年輕是上蒼給每個人最寶貴的禮物，也最容易從指縫間溜走。

建議在二十八歲前要勇於換跑道，直到找到可以大顯身手的舞台為止，不是要拚才會贏，而是會贏才來拚。

「可是，我在汽車業待那麼久，很順手了……」

順手不代表機會與成功，更可能是你年輕歲月的殺手；換手或可一搏。俗話說：「籠雞有食湯鍋近，野鶴無糧天地寬。」就在今天，讓我們放手一搏吧！

沒有人脈的困擾

人脈這個問題可大了！大到三天三夜都講不完。沒有人脈才要來做業務嘛，業務本來就是無中生有、落地生根。你要先捫心自問，自己是不是的的確確是一個好人？為人正直、熱心服務？如果答案是肯定的話，那就不用怕了，陌生的客戶遲早會認識、認可你的；如果你到處捅婁子、扯爛汙，別說做保險了，做什麼都不會成功，更甭提人脈了，簡直是笑話一場！

年輕人出了社會，大家都在一個起跑點上，除了父母、兄弟、要好同學三兩個外，誰還有什麼人脈？

- 三十歲以前開發人脈。
- 四十歲經營人脈。
- 五十歲以後享受人脈。

人壽保險這個行業的價值，完完全全在於你這個人，客戶要接受產品，得先充分了解你、信任你之後才會進行，所以業務員的八大核心競爭力第二條就是「在最短時間讓客戶喜歡與信任你的能力」，因為「你這個推銷員」的緣故，保單才賣得出去。所以，保險公司付的獎金，就是在買你的整個人格，人格破產的人是沒有辦法在這個行業立足的。

賣保險比的就是做人，做人成功，失敗是一時的；做人失敗，成功也是一時的。修練你的人品，讓客戶喜歡、接納、信任你，It's job No.1，人脈隨之而來。

§

我剛出社會時哪來人脈啊，大學同學多半出國念書，親戚也很少往來。當時父親已手頭拮据，還硬湊錢買一台機車給我創業用，可見爸爸疼愛兒子真是亙古不變啊！那時候，我常常騎著這台光陽五十在街頭穿梭，頂著大熱天跑業務，心卻是熱的，門的背後是一雙雙冰冷的眼睛；遇到下雨天，心還是熱的，冰冷的雙手敲開門後，還是一雙雙冰冷的眼睛。但我堅信天道酬勤，老天爺總會開一扇窗讓人生存下去的！

關於光陽五十機車，還有這樣一個記憶：有一次，在天津街街口紅燈右轉，因違規被警察攔下來。

「少年仔，紅燈不能右轉。來，駕照拿出來。」

「報告警察阿伯，駕照不在我身上。」

「為什麼沒有？」

「上次違規被扣了。」

「去拿回來啊！」

「沒錢贖回。」

「那，拔你的車牌好了。」警察先生說完，走到車後面準備拔車牌，突然驚呼：「嘎？怎麼沒有車牌？」

「上次也被拔了，沒錢去拿回來。」

「你是做什麼的，怎麼會這麼窮？」

我順手遞上名片，聽到警察先生拉高嗓門：「哎喲喂呀！保險公司！」

「您好心跟我捧場一張，我就有錢去贖回了。」

「不用、不用，您趕快走吧！下回不要再違規了。」

想起這段往事，忍不住莞爾，拉保險的名片還真管用。很感謝當年那位警察先生的一念之仁，又過了半年才將罰款繳清。

嘉年華銀樓的陳老闆保單已經滿期，後來又加保了終身險，現在待在美國的時間比在台灣長，每次回國打電話給我，我認得他的聲音，一開口我就是喊「大仔」。

「林裕盛，從二十年前到現在，會叫我大仔的只有兩個人，一個是你，另一個是富邦證券的李總。現在你們都已經成為真正的大尾了，還這樣尊崇我，真是不簡單啊！」陳老板感動的在電話那頭肯定我。

當初從全然地陌生開發陳老大之後，才有往後的銀樓業人脈累積，人脈的經營要很長一段時間，之後爆發的價值會讓你青雲直上。

有一種日本竹子，播種七年都不萌芽，但七年一到，卻在短短六週之內，長高三十公尺；如果你深信竹子時間夠了，向下扎根就會生長，也相信自己挑的種子（準客戶），那麼，請耐心灌溉吧！在耐心灌溉之後，時間一到，自然可以收成；但耐力不足只想一步登天的人，永遠享受不到人脈開花結果的甜蜜。

保險市場已飽和？只是推託之詞

你乾脆說：「要買的已經買了；不買的永遠不會買。」

悲觀的人看事情是樂觀的人無法理解的，照他們這種說法，保險公司統統關門算了。

根據統計，一個人一輩子至少要有七張保單，才足夠他這一輩子隨著職位晉升、家庭結構、老年退休及醫療的守護屏障；台灣的投保率超過百分之一百一十四，但滲透率及收入比卻還有很大的空間。

早上有一位失效業務員的客戶打電話來，說她想了解原保單醫療及防癌險夠不夠，因為前兩個月她婆婆突然罹癌，一個月就過世了，讓她心生警惕，認為現在收入雖不高，但更應該重視醫療險。我告訴她這個觀念對極了，買保險不是降低生活品質，而是提升。為什麼？

一年一萬多的防癌保費總繳二十年，計二十餘萬，提供了十倍兩百萬的保障；試問，在家裡、銀行，還是透過保險來準備哪一筆金額容易呢？

客戶都認為有保險的需求，為什麼業務員自己卻把路堵住了呢？只要有人、有愛心、有責任感，人壽保險永遠沒有市場飽和的問題。

二十來歲的年輕人找業務工作，仍然比較喜歡以自己的「興趣」為優先。這個問題其實很有意思，也很弔詭。

你有沒有聽過說「興趣不能當飯吃」？最常聽到年輕人說：「我很排斥做保險。」我總會回答他們：「魚翅」還是「排翅」？試問，你有什麼資格排斥做保險，你還不一定有能力做呢！

年輕人應該放下身段、放下狹隘的思想，對任何事情（推銷業務）都要保持高度的興趣，只要這個行業有將來性、收益性、對社會有貢獻度，都要仔細思考自己有沒有能耐去從事，在裡面取得一席之地，然後發揚光大。

§

企業家嚴長壽先生從旅行社的小弟開始做起；美容界教父牛爾先生也先從一家家的沙龍推銷美容用品開始，他曾經說：「到沙龍推銷產品，一個大男生，當時根本彎不下腰，但現實很殘酷，要業績就要求人。」

好漢不怕出身低，不要想到遭受拒絕，又要四處求人，要日曬雨淋的四處跑就沒「興趣」了。要深刻明白，即使在社會的最底層也醞釀著生命最偉大的光輝，總也藏著櫻花最美麗的蓓蕾，你只有爬到枝幹的盡頭，才能望見成功的果實。

「熟能生巧」，不熟、不會，當然沒興趣了，誰天生就是推銷高手？毅力帶動技巧，駕輕就熟之後，興趣油然而生，不是嗎？

我以蘋果創辦人賈伯斯的一段佳言與大家分享，也再一次砥礪我自己：

時間寶貴，別浪費時間為別人而活。別被教條困住，活在別人的定論裡。不要讓旁人的雜音淹沒了自己內在真正的吶喊。最重要的是，要勇敢追隨自己的心靈與直覺。

透過平日蒐集而來的資訊，仔細審度自己的主客觀條件之後，你若決定走向銷售創業這條路，就別管周圍充斥的各種反對聲浪，即使這些聲浪來自所有的朋友、至親。但你要堅信，他們都是善意的，只是怕你吃不了苦，怕你跌倒、失敗。

但是，有誰比你更清楚自己呢？年輕的最大好處是跌倒了還可以再爬起來，沒有人規定你做業務、做保險就一輩子不能轉行，如果你不是這塊料當然留不下來，但也沒有人規定銷售這個行業不能做大！你很想嘗試，不是嗎？你的內心曾經這樣呼喊你。與其繞了一大圈再回來做業務，不如先做吧！即使一年半載後發現自己不適合而離開，也不會一輩子為曾經的「不甘心」陰影，如鬼魅般的縈繞不去。

邁向成功的銷售高峰

成功的銷售無法一蹴可幾，它是經由一連串失敗後檢討修成的成果。偉大的銷售人員也無法一夜塑造，他必須經出不斷的淬鍊而後卓然獨立。

如何保有高度的自我肯定呢？

你必須在每個晚上不斷的告訴自己：你是這個行業最成功、最偉大的業務員，然後在白天去面對各式各樣的拒絕和挑戰。主管、同事的肯定與認同都是一時的，你必須成為你自己最好的導師和心理醫生，因為他可以隨時陪伴在你身邊，給你加油打氣。

高度的自我肯定，會幫助銷售邁向成功；低度的自我肯定，則把你推向黑暗的深淵。很多業務員害怕向熟人推銷或向大人物開口，「自慚形穢」這個觀念阻撓了他向前奮進的步伐；也可以說，害怕被拒絕成為低度自我肯定最大的陰影，也是成功銷售最大的障礙。

把你的儀表整理好（乍見之歡），豐富你的內涵（久處之樂），是涵養高度自我肯定的兩把刀，唯有高度自我肯定，業務員才能無堅不摧，向每個人開火。業務員該有的中心思想：是客戶會以成為你的客戶為榮。唯有如此，你才能增進你的業績，有機會成為業界的翹楚！

拋開所有的負面思想，去除自卑感，低度自我肯定是銷售生涯的最大殺手。體會到這一點，你就明白要怎麼來建設自己了。害怕被客戶拒絕的真相是什麼？你要明白，世上所有的頂尖高手都跟你我一樣，都害怕被客戶拒絕。但你一直擔心有什麼用呢？美國保險界泰斗班・費德文[2]曾坦白承認，他也曾經在客戶的門口徘徊。後來他是怎麼建設自己的呢？

「我只是走進去。」這麼簡單的意念幫他推開了無數的陌生之門，創造了無數的業績。後來我也將這句話銘記在心，每當在客戶（陌生）公司門口躊躇時，最後我會默念這一句，深吸一口氣然後推門進去，面對那一雙雙陌生的眼光，然後呢？然後你去做做看就知道了。一回生、二回害怕、三回就應付自如了！

「客戶不是衝著你拒絕，而是文明社會裡對銷售行為的一種本能抗拒。」

你要牢記這一句話，不要把自己無限放大，不要把客戶的拒絕當成是傷害你的尊嚴、挫折和打擊，然後一把鼻涕一把眼淚哭著回去，最後離開這個行業……太可笑又可悲，不是嗎？低度自我肯定限制了開發客戶的能力，害怕被人拒絕讓很多有潛力的新手退出了這個行業。

客戶不認識你、不了解你，本能的拒絕是一種自我保護，我們也會如此對待陌生的推銷員，不是嗎？克服恐懼的最佳方法是，不斷重複去做讓你害怕的事，直到恐懼消失為止，如同美國思想家愛默生所說：「只要你勇敢去做讓你害怕的事，害怕終將滅亡。」更何況，成功銷售就是從拒絕開始。

無底薪、純佣金的銷售事業

很多新人受完訓回到營業處時，每天大多數的時間都窩在辦公室，等待主管指示工作下來，忘了自己已經是一位獨立經營的老闆了。

無底薪高獎金（佣金）的銷售事業，就是老闆制（承攬）。你一生最大的悲哀與

② Ben Feldman，美國壽險界公認的頂級業務員，金氏世界記錄譽為「歷史上最偉大的保險推銷員」。

錯誤，就是腦子一直揮之不去的員工心態，你下意識的等待命令下達，而不知主動去為自己工作。

如果你意識到自己已經是一位老闆，你會為業績與收入負責，這樣的態度會逼迫你去開發客戶，不管會遭遇多麼難堪的拒絕，你都會甘之如飴、勇往直前。

如果你認同你就是老闆，你會開始著手改善自我形象與建立品德，你會為周遭所發生的一切負完全責任，而不是一味的指責主管不好、產品不好、景氣不好、公司不好……你會真切而誠實的反躬自省，因為老闆是無法推卸責任的。你，「永遠沒有埋怨的權利，也沒有失敗的藉口。」

如果你是老闆，你就會專注在業績目標的完成，你會認同成果導向，因為你知道時間就是你的成本，你會善用每一分鐘，也會竭盡全力去完成每一宗交易，因為沒有交易，就沒有收入。

任何帶有底薪（即使只有一點點）的銷售工作，都是一種剝削，它不是真正的事業，它框架住了你往高收入發展的偉大潛能，如果你能洞悉這一點，就會連夜束裝離開。

唯有找到一個真正肯定你個人價值，承認你就是老闆的銷售事業，才值得你去打拚；也唯有你肯定自己就是再也沒有任何薪水的老闆之後，你才會放手一搏，進入高收入的殿堂。

參與偉大事業的榮耀

不要抱怨房價太高讓你買不起房子，你應該檢討自己收入太低；不要抱怨老闆薪水給得太低，你也可以選擇自己出來創業；當你覺得上天下地只剩你一個人時，你也可以獨自去扭轉這個局面。聽從專家的建議，今天就毫不遲疑的辭去低薪的工作，轉行至銷售業，而人壽保險，正是你的首選！

世上沒有偉大又舒服的工作，沒有唾手可得的財富，也沒有折枝之易的事業。保險創業當然是困難的、艱辛的、不輕鬆的，甚至遠超過你的想像。所有舞台上享盡燈光與掌聲的成功典範，背後都有不為人知的付出與煎熬，只是你看不見罷了。但這個行業的未來是可預見的美好。

如果你能堅持三年、五年、十年去建立你的銷售事業，這個行業所回饋給你的，絕不僅是金錢而已。成功的人壽保險推銷員，比任何一個行業的推銷員能贏得客戶更多的尊重，你可以從周遭的客戶朋友中得到印證，因為他們是從淚水、汗水中淬鍊而成的。你還得要接受這個行業永遠不輕鬆！當我們歷經各式各樣的磨練，學會了開發客戶、反對問題處理、要求成交、售前售後服務客戶等技能之後，即使我們的經驗技巧再豐富，你仍得兢兢業業、刮風下雨的去見客戶，這樣的日子永不停歇……直到有一天，我們認同自己賺的是辛苦錢之後，你肩上的壓力才會卸下，因為你已甘之如飴，血液裡流動的，完完全全是業務員的熱血了，充滿熱情服務的精神永不磨滅。相對於有些新人加入這個行列，只想經歷幾個月的業務工作，然後一心發展組織，希望從此輕鬆過日子，抱持這樣想法的人很快就會在洪流中消失。

成就自己的業務DNA

英國溫布頓中央球場的入口處，鐫刻了英國文豪吉卜林（J.R. Kipling, 1865-1936）的名言：「成就不在於勝負，而是來自參與崇高賽事的榮耀。」勉勵所有企求登頂榮耀的球員，在此我更動了幾個字，「成就不在於『財富』，而是來自參與『偉大事業』的榮耀。」

銷售事業是資本市場不可或缺的一環，推銷員更是推動產品的尖兵，人壽保險推銷員更是其中的佼佼者。你的心態決定了百分之九十九的成功銷售，它取決於你對自己及這個行業的看法，如果你要，你就一定能！

02 學習凌駕一切

資訊的不對稱，造成了財富的不對稱

創意來自無止境的學習。如果你有行動力，你就會成功；如果你有創造力，你才會卓越；如果你有影響力，你便擁有組織。

現代人只區分為資訊人與非資訊人，微軟的比爾・蓋茲更直言，現代人只區分為上網人與非上網人；事實上，當我們接觸愈多，才發現我們懂的這麼少。不學無術的推銷員早已風吹雨打去！

世界上最偉大的行業

二〇一〇年六月五日早上九點，我在廈門國際會展酒店的宴會廳台下聆聽演講，現場超過千人學員的精英論壇（由上海鼎翊企管公司主辦）於焉展開。台上應邀開幕致辭的貴賓鏗鏘有力的說道：「人壽保險事業是世界上最偉大的行業，它推動了社會國家人類文明的巨輪，往前不斷邁進……」後來才知道貴賓是國泰廈門分公司的老總許建民先生。

下午三點半，在滿場熾烈的歡呼聲中我步上講台，我以「偉大團隊的建立——以銷售力為核心」的分享，我這樣開場：「早上開幕致辭的領導說：我們是世上最偉大的行業，推動了社會文明的進步。大家同意嗎？」台下異口同聲：「同意！」

既然如此，那就有三個現象產生了，我在白板上寫下：（一）為什麼大多數人不喜歡做保險？（二）為什麼做不來？（三）為什麼做不久？

其實不是大多數，是絕大多數的人不喜歡做保險，因為大家都認為這是一個很沒尊嚴、整天要求人的行業。

美國的電視記者曾在街頭隨機採訪路人甲乙丙丁，第一個問題是：你們對人壽保險推銷員的看法如何？眾人都說不好。第二個問題，那你買了嗎？答案是「買了。」很矛盾，不是嗎？接著問第三個問題，Why? The answer is:「My Agent is good!」我的營銷員是優秀的！所以，你不要期待整個社會對我們有多麼崇高的評價，因為淘汰者眾，或是進來以後才淘汰，進入門檻又不高，也不像人家公司行號創業要一堆員工與工廠。

普羅大眾總是人云亦云，認為我們是不學無術、光靠一張嘴吃飯的傢伙。碰到這樣無禮的人，我會回應：「我是靠嘴吃飯沒錯，請問，您不靠嘴巴，那是靠什麼吃飯呢？」

但我們也不用妄自菲薄，第三個答案太好了，它的玄機是，優秀的業務員隱藏性的活在客戶的心裡，只是他不願大肆宣傳罷了！當你徹底了解這種社會的認知差距，你就會坦然接受；同時也要刺激所有的優秀夥伴，我們同時肩負著「提升保險從業人員在社會的地位」的使命感！山脊上冷冽的寒風吹過，總有傲然的枝幹佇立；白雪覆蓋的泥土深處，也有掙扎的種子在靈動，伺機破土而出。為什麼做不來？因為害怕被客戶拒絕，恐懼的感覺禁錮了你的心靈，停滯了你的腳步。

然而，害怕拒絕的緣由來自於「低度自我肯定」，解決之道無他，唯有做到「無懈可擊的儀表」。每天出門前要照照鏡子，摸著良心問自己，願意跟鏡子裡面這個人做交易嗎？或者，願意追隨鏡中人去做保險嗎？

如果連你自己都嫌棄鏡中的自己，怎麼會有自信去敲開每一扇陌生的門呢？

樸實其外，金玉其內

前幾天，我在公司地下室停好車，進了電梯，隨後而入一位優雅的女士，一身紫色套裝。哇！陳敏薰耶！那天因為約了客戶打球，我一身球裝，讓我心態上就卻步了；要換作是平日的西裝革履，肯定有自信上前和她攀談，自我介紹一番，許是另一番機緣也說不定。

沒有儀表就沒有自信，客戶會用最短的十秒鐘，從頭到腳迅速的打量你。我們也是如此，不是嗎？研判你是否有資格讓他認識！世界上每一個超級推銷員都和你有同樣的恐懼，差別只在於怎麼克服與跨越；乍見之歡，就從現在起，整肅你的儀容吧！

其實客戶也怕我們，他害怕兩件事情：買錯產品與買錯人。如果你堅信你是一個品德高尚、卓越的業務員，今日你以客戶為尊，明日客戶會以你為榮，那就勇敢向前吧！真誠明智的努力絕不會白費，消除天平兩端的恐懼砝碼，換上你跟客戶相互信賴的籌碼，雙贏的局面將指日可待。

質樸其外的儀表未必要昂貴，初入社會的你沒有什麼收入去置裝名牌，但起碼的整潔明亮一定要做到，頭髮、指甲要修剪整齊。永遠掛著一張笑臉，牙齒當然要刷洗乾淨，一嘴爛牙也得請牙醫修整一番，畢竟伸手不打笑臉人嘛！因此，「金玉其內」是內功的修為，得靠一點一滴的學習，讀書千日，用在一朝。

有一次，大學時期的指導教授介紹了一位歸國客座副教授，說要用投資型保單準備退休金。決戰的當晚，我帶了筆記型電腦到舟山路台大教授宿舍赴約，從晚上七點一直戰到九點，準客戶一直點頭，卻也遲不簽約，職業的本能明白該是決策者尚未現身。又過半個時辰，影武者從竹子做的門簾輕移蓮步現身了，他的太太、中文系教授，頭髮挽起來橫插一隻木質髮髻，瓜子臉上架著金質無框眼鏡，旗袍式上繡金魚游動的粉紅睡衣，好像從古畫裡走出的古典美人，中文系教授總散發著那股迷濛的書卷之美……

「老婆，這位是南山人壽林經理，是林教授介紹的，很優秀。對了，他還寫了九本書。」

「哦，林先生，你平日都看什麼書啊？」

輕飄飄的一句問話有如五雷轟頂！我的腦袋開始千迴百轉，讀過的書在眼前如電影畫面般快速轉動，應對垂簾聽政的出手，不容一絲差錯！

「我最近看了一本書《我們仨》，很有意思。」

「是嘛，說下去……」金絲眼鏡後面閃耀出了點光芒。

「《我們仨》是楊絳寫的，懷念先生錢鍾書和女兒錢媛媛。寫出了一家三口在一起的濃郁氛圍，將相濡以沫的溫馨情境襯托得格外動人，往者不可追，逝者不可回，我們三個走失了，我只能透過文字讓我們三個再聚聚。整本書同時折射了現代小家庭的文化現象，字裡行間躍動的，是淡淡的『思念』二字……」

我盡量放慢速度一口氣講下來，聲音在寂靜的客廳迴繞，等待著最後的判決。

「這年輕人不錯，很用功。」

影武者起身，臉上是一抹微笑，我依稀再度看到她笑容上面透出的光點，如黑夜中的燈塔，慢步回到畫裡面去。我拿出要保書與萬寶龍的鋼珠筆，陳教授拿起筆，刷刷的簽完要保書與信用卡授權書上的簽名欄，彼此都鬆了一口氣。當我走出舟山路的公館，夜涼如水，才發覺自己整個背脊都濕了。

兩年前在前往吉隆坡演講的飛機上翻閱《亞洲週刊》，看到《我們仨》這本書，回來後指示永豐每週六的「夢想起飛讀書會」負責人，準備這本書給大家。原本的用意很簡單，人間有情，要珍惜現在身邊的親人，感悟物是人非的寂寞和追憶。不經意的自我追求，成為兩年後成交的關鍵。你覺得，人壽保險推銷員成功的關鍵是什麼？

壽險事業的兩個堅持：

一、堅持銷售

請問，人壽保險推銷員成功的關鍵是什麼？關鍵點在於兩個堅持：個人銷售與發展直轄單位。

「你們有沒有吃中飯？」

「沒有！」台下有人故意這樣說。

「我也沒有，剛剛在酒店房間只吃了一根香蕉。」台下一片笑聲。

「哦，我二十六歲開始做保險，做了二十八年了。」此話一出，全場譁然。

「好身材是要付出代價的，背後總有不為人知的飢餓；成功的背後總有不為人知的汗水和淚水；失敗的背後總有不為人知的懶惰；肥胖的背後，總有不為人知的偷吃。」演講會場哄堂大笑。

不要說像我一做二十八年，有人兩年不到就陣亡了；有人兩個月，有人兩個星期；甚至還有人進入市場兩天就陣亡了。如果真不是這塊料，趁早離開是好事，虛耗青春最不值得。可是為什麼做不久呢？觀念、態度錯誤導致做法偏差，地基沒打結實，大樓當然經不起風吹雨打。仔細想想看，如果你是一家公司的老闆，你會給誰最大的獎金與報酬？又如果在保險公司，你是外勤，也就是業務單位，你做哪些事會得到最大的獎勵？答案就是最難做、你最怕做又最辛苦的差事。

我們最大的收入來源來自三方面：（一）首期佣金；（二）續繳服務津貼；（三）組織津貼。

第二項跟第一項走，第三項則主要來自直屬單位，其他直轄以外的組織收入都算是湯湯水水，列為附屬收入了。要做得久，就要讓收入源源不斷，甚而逐年累積。因為青春一去不復返，沒有人隨著年紀增大體力會增加的，你必須趁著人生的夏天，把力氣用在最苦、最值得的活兒去幹；把力氣花在直屬單位的徒孫上就是一種虛耗，你要及時真切明瞭這一點。因此，堅持銷售的美國推銷大王班・費德文，直到六十八歲躺在病床上打點滴時，還在簽要保書，日本原一平一輩子也沒有發展組織，照樣名垂青史。怎麼現在大部分年輕人投身人壽保險行業，心中認為只要銷售個一年半載，等到晉升主管之後，就開始發展組織；所以，推銷只是一個過渡期，為的是將來不用推銷，再也不必日曬雨淋的去給客戶糟蹋，幻想躺著靠源源不斷的組織收入，就可以成為巨富？

我現在就明明白白的告訴你，這可能嗎？

你不喜歡、不善於推銷，怎麼可能期待整個團隊都是銷售高手？你躺著，大家都學你躺著，沒有銷售，又哪來組織收入呢？這簡直是癡人說夢哪！你比誰都清楚。根據統計，如果你能堅持銷售到擁有五百個良質客戶，你這輩子才有可能吃喝不完！五百個客戶不難，從一百個發展到兩百個到五百個，十年的時間綽綽有餘。十年磨一劍，功到自然成。銷售有know-how了，行有餘力，演而優則導，發展起組織來自然就駕輕就熟。熱愛銷售吧！捨此不由功。

二、堅持發展直轄單位

你自己辛辛苦苦增員培養起來的直屬單位（徒弟），能獲得最高的組織利潤，這是很合理的。你的目標簡單而明確，每年留存一位主管。嘿！是留存，不是培養。

看清楚，每年要留存一位主管，至少得培養四個主任；培養四個主任，至少得面談五十二位候選人（撲克牌理論）。

二十年下來，你就擁有二十位直屬主管。隨著歲月經驗增長，他們或已晉升為高階經理或團隊負責人，這是多麼了不起的成就啊！而你除了豐厚的組織津貼外，還有一群成功人士圍繞著你。

人生的快樂，莫大於作育英才，不是嗎？

如果不是這樣，你的組織到後來頭輕腳重，直屬的單位一直發展，最後超越了你，你再怎麼打壓，人家終究會出去成立營管處；即便暫時還沒分家，你的股份差別人一大截，變成名副其實的榮譽董事長，終究不能號令，真是情何以堪哪！

求人似吞三寸劍，靠人如上九重天。熱愛你的

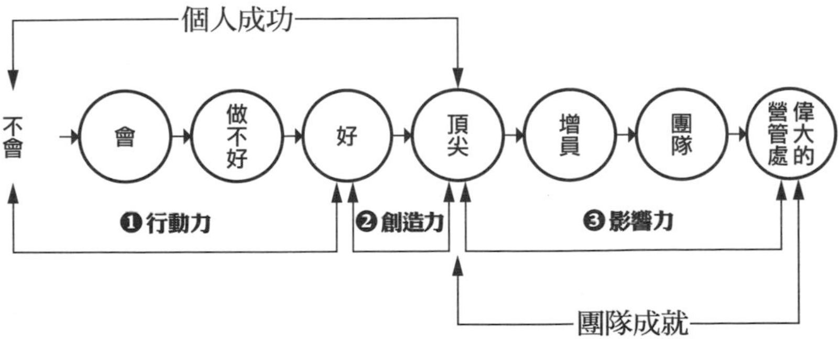

銷售工作，用這個起點，發展你的直轄單位，這是長遠經營壽險事業的不二法門。永遠不要妄想有輕鬆的錢可以賺，不要怕吃苦，以苦為樂，並樂此不疲。真理永遠只有一條，暫時沒有組織你也不用心慌，專心致力於銷售功夫的磨練，把心定下來，你的收入必會節節高升。

總店成功了，開分店只是時間問題！

《暮光之城》的啟發

老掉牙的吸血鬼故事可以翻新出新的光點：不吃人類的大帥哥吸血鬼愛上了美麗溫柔的十八歲貝拉，再加上一個憨厚暗戀貝拉的狼人雅各，這個故事席捲了全球少男少女的心，原作熱銷不說，改編的電影一部部出爐，也熱賣到不行。從第一部《暮光之城》到第二部《新月》，現在已經要推出第三部電影《蝕》了。

「兒子啊！你看過電影《暮光之城》了嗎？」

「嘎！你說木瓜之城嗎？老爸？」

「聽說票房很好？」我回問。

「唉呀！都是女生在看，她們可以去看帥哥，我看什麼？何況，故事都老梗了！」

讀大三的小兒子住校，晚上和他MSN聊天。沒錯，《暮光之城》可歸類為浪漫愛情片，喜歡該片的大多數是女生，作者用心著墨於愛情的悲歡離合，像極了西洋版的瓊瑤小說。但我們的客戶喜歡什麼，業務員必須深入淺出的去了解、參與，即使是通俗的流行，你也得趕上浪潮，如此才有「久處之樂」，不會讓客戶覺得你只會聊保險，其他則「言語乏味」。所以，除了進電影院看，我還一次乾脆把四本原著買回家，好好研究個七、八分。結果，在《蝕》一書中，當愛德華必須離開貝拉時，留下一張字條放在貝拉的枕頭旁，那句情愛佳句當場讓我驚訝不已：「我很快就會再回來，快得讓妳來不及想我。照顧好我的心……我把它留下來和妳在一起。」

《蝕》一書的作者史蒂芬妮・梅爾（Stephenie Meyer）駕馭文字的功力堪稱上乘。在某次演講時，我在台上分享這一段故事，更改成當你離開準客戶辦公室之後，回來就寫一封信給他：「我很快就會再回來，快得讓你來不及想我；照顧好我的建議書，我把它留下來和你在一起！」此話一出，台下哄堂大笑。

千人的大會，看過《暮光之城》的不到半數，詢問台下觀眾有沒有看過該書，會購買原著小說回來閱讀的不到一成。我想，會把情愛佳句轉換成保險辭句的，應該也沒有吧！訪談，如果沒有想像創造力，你如何讓客戶耳目一新，你如何讓客戶莞爾一笑，你又如何能超越他人呢？

未選擇的路（The road not taken）

〈未選擇的路〉是美國鄉村詩人佛洛斯特的一首名詩，作於一九一五年。我常用它來激勵那些走上保險行銷這條路的孤獨又偉大的夥伴，也常在創業說明會結尾時，用來激發現場未入行的年輕人，畢竟，人生偉業的完成，起點都是一個選擇。

前Google大中華區總裁李開復辭職後另創公司，出了一本書《世界因你不同》，也用這首詩來明志。張忠謀先生五十四歲時，賭上一生的成就，辭去全球最大半導體公司高階主管的職務，束裝回台灣創業，一九八五年，當時擺在他面前的有三個選擇：其一，先做一個小規模的晶圓廠；其二，先開一家ＩＣ設計公司；但他選擇走一條沒有人走過的路，也就是專業代工的路。

選擇沒人走過的路，需要多大的勇氣？選擇大家都阻止你的路，又需要多大的勇氣？一九八二年——張忠謀先生回台的前三年，我自軍中退伍後開始從事保險業，退伍前半年，我的第一選擇是出國留學，當兵時還一心一意考托福、ＧＲＥ、申請美國學校；當華盛頓州立大學材料科學研究所寄來提供ＲＡ（Research Assistantship研究獎學金）的入學許可時，我還開心了整整一個禮拜。

沒想到造化弄人，退伍回到家的第一天，生命的旅程就轉了彎，原來出國深造的計畫束之高閣，變成天天在街頭「頭插兩根草，道路兩邊跑」，吃麵（免）的人壽保險推銷員。這樣的慘境，不是一個辛酸可了結，從留學生的美名到拉保險的開不了口，又豈只是從雲端跌落？我有什麼選擇呢？其一是去做一家公司行號的內勤，底薪新台幣一萬三千元；其二是去做其他業務工作的外勤，一點點底薪加上限制型的獎金。最終，我選擇了無底薪但收入無上限的壽險業務，用三年時間還清了父親被朋友連累的債務。

朋友們，從零開始沒什麼好自豪的，從零下開始才真可貴。

還清債務後，買下天母中山北路七段的第一棟房子，繳頭期款的時候身上掙了一些錢還夠，接著一筆一筆的工程款都是邊推銷保單邊繳的。如果沒有無底薪制，逼不出我的潛力；沒有收入無上限，怎麼能夠買房子呢？所以我在前一章提過，不要抱怨房價高，你也可以從郊區小坪數開始啊，而要檢討為什麼自己收入太低。

在當時，一個台大畢業生從事保險外勤需要多少勇氣？記得在新光人壽上班時，整間公司的歐巴桑、歐吉桑，都用異樣的眼光看我，視我為怪胎；半年後，轉到南山人壽，座位正好位於入口處，每天同仁經過時都不免竊竊私語：「聽說是台大畢業的？」「業績好不好？」

「不好的環境會給你最多。」這句話一點也沒錯，還好我當初沒得好選擇，環境逼我走上這一條無中生有的未選擇的路。

在此摘錄〈未選擇的路〉一詩，提供給大家參考：

Two roads diverged in a yellow wood,
And sorry I could not travel both
Two roads diverged in a wood, and I —
I took the one less traveled by,
And that has made all the difference.

兩條路在黃葉林中分歧，
不能兩條路都走實在可惜，
兩條路在黃葉林中分歧，而我——
我選擇了人跡稀少的路，
這樣的抉擇註定了我不同的旅程。

只能走一條路，是人生的可悲亦是可貴之處。人生不可洗牌重打，如果一切可以隨意重來，我們的選擇又剩下什麼尊嚴與意義呢？面對錯過與遺憾是一種損失，但沒有孤獨的抉擇，又哪來拚鬥到底的決心呢？

張忠謀先生賭上了他一生的聲譽，結果台積電登上全球的舞台。他勉勵年輕人「承擔風險」（Risk taking），年輕人沒什麼好損失的，業務做不好就認了吧！重新當一名平凡人，或者其他行業的創業都可以，為什麼要拘束自己的心靈呢？

鯉魚都知道要躍龍門了，摔下來頂多還是一條魚，難道會變成烏龜嗎？還沒試就先做縮頭烏龜，不是很悲哀嗎？電視名人王偉忠先生曾說：「當大家都往主流擠時，我喜歡人煙稀少的路，經營久了，俐落了，就成主流！」你看，真理越辯越明，英雄不一定能造時勢，但英雄都是有識有膽。你要等到大家都一窩蜂搶進保險業時，還是現在大家都害怕、都反對，在人跡稀少時進來，你成功的機會會大些呢？人生一切成就的起點，就是抉擇的當下。

年輕人購屋：「三宅一生」與「三生一宅」

買不起房子到底是房價高，還是你根本不想存錢？你會跑去賓士、寶馬的展示區抱怨車價太高嗎？你會跑去LV的專賣店門口拉布條抗議包包貴得離譜嗎？不會，因為買不起你可以不要買，或者找其他替代品。

那為什麼要上街頭抗議房價太高呢？沒有人規定你一定要買信義、大安區③，一

③根據《住展雜誌》統計，購屋年數（房價除以夫妻平均年收入），若欲購買台北市大安區的新屋，必須四十六年不吃不喝才買得起。

坪動輒上看一兩百萬的豪宅！新北市也有一坪十五萬的公寓，台中市、高雄市一坪不超過十五萬的房子比比皆是，你也可以選擇移居他地。

做個不需要人脈的人壽保險推銷員，無中生有、白手起家成功的案例比比皆是！大陸有許多離鄉背井、從內地隻身到沿海城市如廣州、廈門、深圳打拚的年輕人，每次演講時，碰到這些異鄉遊子，我總是感動得說不出話來，彷彿看到了當年那個在街頭陌生拜訪的自己。

你是否有拚命工作，努力存錢？進公司必端一杯咖啡是流行，背個名牌包叫時尚，半年出國一趟算慰勞，永遠趕時髦的換上最新款智慧型手機……如果真是這樣，那你就安心當一個永遠的無殼蝸牛吧！

錢是「賺」、「存」、「理」出來的，先拚存個頭期款購買郊區小房，過個幾年再換回市區，或是坪數大一點的房子。請記得用自住帶動投資，年紀大了、要退休了，再賣掉市區的大房子，身上有了大把現金，到哪裡都可以養老，改住回公寓也可以。

高房價是一種必然的趨勢，只是人為的炒作總會回歸市場機制，用好宅代替豪宅，從郊區反攻市區，用基金高股息股票取代名牌包，只要你下定理財的決心，擬定購屋策略，終有擺脫無殼蝸牛的一天！上街頭參加各種抗議活動，省省吧！為什麼不上街頭去拜訪客戶呢？

學習猶太人的前瞻性理財觀，必得先犧牲小享受，才能積聚財富做大享受。買不起房子絕對不是高房價，而是你有沒有正確的理財觀，辛苦賺來的錢，不要揮霍在跟別人評比的「想要」；集中火力積聚在一家老小住的「需要」上吧！

冰與火：佛洛斯特的三首詩

嚴長壽先生提到「雪晚林邊歇馬」，引諭他還有未完的責任，儘管割掉了一個腎，仍然在病房裡電召編輯來述說他的新書《你可以不一樣》。李開復引用〈未選擇的路〉，抒發他創立創投的孤獨心境；而這一首〈冰與火〉（Fire and Ice）我認識它卻在《暮光之城》原著第三部《蝕》的扉頁，真是很有意思。讀者諸君，您真的無法不認識佛洛斯特這位可愛的詩人了，儘管他已經離開我們快五十年了（1874-1963），知識光輝的交流是如此的美妙，絲毫不受時光流逝的阻隔。

佛洛斯特的詩備受喜愛，因為他堅持使用口常語言，描寫觀察入微的日常事件，用簡單的文字表達詩中深奧的大自然意境，讓讀者心領神會。他的詩總是用具體的字辭襯托抽象的含義，在描繪平凡可見的熟悉景物之餘，表達出人類對於人生問題的矛盾與憧憬，細嚼其間的餘韻，讓我們起了反思的作用。真是一位智慧的詩人啊！百年追思，餘韻繞樑……

Fire and Ice
Some say the world will end in fire,
Some say in ice.
From what I've tasted of desire
I hold with those who favor fire.
But if it had to perish twice,
I think I know enough of hate
To say that for destruction ice
Is also great
And would suffice.

《蝕》版本的翻譯很有學問，摘錄內容如下：

人言，世界將毀滅於火
亦言，將毀滅於冰
依我對欲望的體會
我贊成是火
但若世界得毀滅兩次
我想，以我對仇恨的體會
足以訴說冰冷的毀滅力量

亦同樣可觀
不遑多讓

我喜歡最後「不遑多讓」四個字，多鏗鏘有力啊！《暮光之城》的作者為什麼要引用這首詩呢？字面上的含義很清楚，「冰」代表吸血鬼（血液是冰涼的），火則是女主角（人類的貝拉）；內層的含義也點出了世間男女的情愛總在愛恨交織中譜曲，愛之欲其生，惡之欲其死。瓊瑤女士不是也說過，愛恨都是好的，代表感情的存在。但男女分手後，為什麼不能一笑泯恩仇（Forgive and forget）呢？惡言相向的娛樂版面迷惑了當初恩愛的畫面，讓我們百思不得其解。

這樣的一首詩，對我們做保險有什麼幫助呢？你說呢？用你的小腦袋仔細想想，都說白了有什麼趣味呢？你可以抄錄這首詩，如同本書中兩百八十一頁的右圖「愛的小詩」一樣；也許可以寄給你的準客戶一張小卡片讓他去思索，下次見面你們就有話題可聊了。

「冰」也許是對推銷員糾纏不放的恐懼，也許是人生生老病死的無奈；「火」也許是對家人熾熱的愛，也許是對事業無比狂熱的追求。每個人的體會與解讀不盡相同，而這，不就是佛洛斯特原本的用意嗎？而最重要的，你不再是個不學無術的業務員，在客戶的心靈深處，開始對你產生某種程度的敬意也說不定，這就夠了。

保持冷靜，持續向前行

我是《商業周刊》的長期訂戶，任何熱衷學習的業務員都應該從這本雜誌開始。每週三傍晚拿到這本雜誌後，我會先看看封面，再翻閱目錄，從有興趣的內容先閱讀，之後再從首頁重新翻閱一遍；最後，針對值得深入的主題做精讀，紅筆、藍筆劃得密密麻麻再建檔。不到一百元的雜誌，豐富了我對知識的渴求與最新商業知識的update，相當值得。當然，其間也被周刊採訪了兩次，非常與有榮焉。

有一次，看了《商業周刊》何飛鵬先生的專欄，提到「Keep calm and carry on」，後來我將它和〈未選擇的路〉結合，在每次演講的收尾時用來勉勵現場聽眾：「I will be putting it up wherever I can see, it seems to have a strangely calming effect to me.」選擇一條無人選擇的路，我們要先「保持冷靜」，接著「集中力氣面對每一個困難」，然後「堅持向前」。人生不也正是如此嗎？

如果我們選擇安穩的路，不會面對不成比例的強大敵人，當然也不能期待有豐碩的成果；但如果我們選擇困難的路，就會遭遇強大的敵人，因為希望完成不可思議的目標。何飛鵬先生這樣激勵我們：而這一切都使我們置身於風雨飄搖之中，你必須告訴自己，不論發生什麼事信念都不能動搖，情緒都不能波動。一切處之泰然，泰山崩於前而目不瞬，惟有冷靜才能靈台清明，才能做最好的應變，也惟有堅持才能走到最後！多振奮人心的文字啊！這種學習的快樂，你能體會嗎？

這句名言「Keep calm and carry on」的出處來自一張海報，是一九三九年二次大戰初起時，英國政府所設計的三款激勵民心的海報之一，不知為何始終沒有公開；直到二〇〇〇年，一家二手書店發現了這張海報並張貼出來，才引起眾人的關注。現在它已是公共財，簡單的五個字，對許許多多人都起了療傷止痛的激勵效果。對照一九三九年，納粹德國席捲歐洲，英國面對德國無情轟炸的軍事行動，可謂風雨飄搖。在強敵威脅之下，依然保持冷靜，堅定信念，持續向前，keep calm and carry on，當然變成最好的口號！

This poster was part of the British war effort during the Second World War 1939 when the Nazi invasion was perpetually around the next corner. Apparently 2000 they are starting to show up around London again.

任何時候，當你沮喪、挫折、備受打擊、戰鬥力下降、意志消沉時，把這句口號拿出來凝視一番，念它幾遍，你就會發現吾道不孤，這世界上所有成功的人，都曾經歷過比你還艱辛的處境呢！差別在於，他們都挺過去了；而現在，別人能，你也可以！

爬離貧窮之路，才是世上最遙遠的距離

波士頓顧問集團、美國財富管理首席顧問郝利（Bruce Holly）說：「二〇〇八年全球金融危機甚深且廣，然則現在全球財富回升速度如此之快，實在令人驚訝！」

該集團的調查結果也預估，從二〇〇九年到二〇一四年底，全球財富平均年增率估計可達約百分之六，高於二〇〇四年到二〇〇九年的百分之四・八。讓全球富豪跌了一大跤，但爬起來的速度既快又猛。亞太地區（不含日本）財富增加的速度更是勇冠全球，增幅估計將是全球平均值的兩倍！而我們同樣位於亞太地區，看到這些數字，你有何感觸呢？中國雖然以百分之三十一的增長率排第四（二〇〇九年全球百萬富豪總增長率是百分之十四），但富豪人數三十六萬四千人已超過英國的三十四萬兩千人，估計二〇一三年將超越美國。

中國社會科學院社會學研究所前所長陸學藝表示：「依中國經濟程度的發展來看，中國富翁超越英國、趕上美國，只是時間上的問題。」同是炎黃子孫，這樣的數字應該會激起你無比的感慨與熱情吧！而台灣，百萬美金富豪的數字不出六萬五千人，總人口（扣除老人及未成年）的千分之五站上金字塔的頂端。如果你做業務，手無寸金照樣能夠生財致富，從月薪兩萬跳到無底薪的銷售工作，從年收入百萬到所得稅繳百萬，資產百萬美金應該是當作人生的目標吧！

別人能，你為何不能？從為收入生活而工作到為興趣理想而工作，這當中的漫漫長路，你要如何奮鬥與攀爬呢？提升財富不是我們的終極目標，透過財富去回饋社會，才能發揮人生最大的價值；但如果你沒有能力，不努力、不學習、不拚搏的去聚積財富，又何以言優秀？

推銷員的自我修練

推銷員的自我修練，來自於無所不在的熱誠，熱情加上誠懇等於熱誠。所以，熱誠是成功推銷員的第一項修練。為什麼要用「修練」兩個字？因為我們中國人都是天生含蓄，凡事被動，極少人是天性熱誠的；所以，你必須把熱情和誠懇當作一種功夫、一種能力去修練，它可以把一個人改變成另外一個人。充滿感染力的熱誠，更是克敵制勝的最有力武器！

我很喜歡在客戶猶豫不決的時候說：「請看我的眼睛。」當準客戶將飄忽不定的眼神與我對焦時，他才會感受到我的熱誠。各位，眼神是不會騙人的，客戶願意和你四目交會，你才有完成交易的機會。換言之，捕捉不到客戶的眼神，猶如大海撈針，再怎麼滔滔不絕，終究是於事無補。

在鏡子前仔細端詳自己的眼神，有沒有熱誠閃耀其中？有沒有令人動容的感染力？熱誠直接的作用，發揮在待人與產品上。熱誠的人讓冰山美人解凍，對你微笑如花，拜訪陌生人、結交新朋友，缺乏熱誠則四處碰壁。

客戶本來就是一壺冷水，推銷員就是那盞火爐，你要不斷的燃燒，直到水開了，倒出來泡的那杯溫潤的茶，就是業務員的利潤；如果你對產品沒有信心，或是因商品、公司形象不佳，即使嘴上念念有詞，客戶仍感受不到你發自內心的熱力，那是不可能成交的。如果連你都說服不了自己，如何去說服別人呢？

做個「不打烊」的推銷員

有一次晚上回家，從民權東路過了民權大橋左轉瑞光路，右手邊有一家藥燉排骨店，我停好車，打算買兩袋回家當晚餐。

「小姐，外帶兩包藥燉排骨。」

舀湯的小姐抬頭看我一眼，「哇！你很久沒有來喔？」

我一聽，滿心歡喜，心想她真厲害，居然知道我很久沒來光顧，店員真是熱誠得可以。結完帳，我拿起東西，臨走前我再問她一句：「妳怎麼知道我很久沒來了，記性真好。」

你猜她怎麼回答？

「我們老闆交代，不眼熟的客戶都要這麼講。」

我的天啊！這種招呼語真是一絕，難怪生意這麼好！

如何做個不打烊的推銷員？怎麼修練？第一步，試著先堆出笑容，你很久沒展現笑容了喔，每天早晨起床，想想這個世界還有這麼困難的行業給我這麼大的機會去打拚，就夠你笑了，要是全世界都剩麥當勞的店員可以去上班那豈不慘了。第二步，話說出口前要先想清楚，怎麼說話，別人才會開心，讓別人開心，自己就會變得快樂起來，快樂會展現它的感染力。用「你最近有練身體喔」取代「你最近變得好瘦」，說人家怎麼變得這麼瘦，意思好像對方得了什麼重病似的；最後則是真心關懷周遭的每一個人。當你熱情洋溢、熱誠以對，整個世界都會被你燃燒起來；然後，你會得到最終的回饋！

一旦你選擇了無底薪、純佣金制的推銷工作，那就是一份事業了。你擁有了一份事業，意味著你就是這份事業的老闆。沒錯，推銷員就是老闆。你必須認真看待「負責」這兩個字，負責今後所有的學習、所有的收入與所有的開銷。你一生所犯的最大錯誤，就是認為你是在為別人工作，而不是為自己工作。人生有很多事是可以選擇的，在決定走上這一條人跡罕至的推銷員之路之前，你還是可以選擇的，一旦你現在做成決定，就應馬上調整心態，你不再為任何人工作，你要為今後整個人生負完全責任。（聽聽梅艷芳的〈孤身走我路〉這首歌）

只要你認知自己不再是僱員，而是掌控自己命運的老闆時，你就願意自動加班，為自己的薪水打拚，不再被動的等待加薪，你願意在週日的下午就進辦公室，為下週的拜訪行程做規劃；你願意從早上八點半一直拜訪客戶到午夜為止，你是一個積極的參與者，你會主控一切。客戶的拒絕再也不會帶給你任何傷害，反而會激發你尋求解決之道的靈感，你已經無所畏懼。你會不斷的訓練自己來創造價值，提高服務的質量，變成市場上不可忽視的競爭者，並能在市場上索價更高。「I'm coming」，一個雄心壯志的推銷員就此誕生，銳不可當！

業務員就是老闆

業務員就是老闆，其中最重要的心理素質就是「自我經營的態度」。

很多新人受完公司指定的訓練課程（五天到三個月不等），回到營管處之後，問主管的第一句話通常是「客戶在哪裡？」這類提問真是讓人啼笑皆非。你既然擁有相同的佣金制度，你就得為自己的收入負責。

試問，你的主管會給你薪水嗎？不要再稱呼你的主管為「老闆」了，他不過就是先入行的同事罷了，你或者可以尊稱他為師父，但絕對不是你的老闆，你才是自己的老闆，請永遠記得這一點！新手進入狀況的時間早晚，完全取決於自我經營態度的建立與否，將來的成敗也繫於此。

願意自我經營，代表你從一個業餘者進階為專業的推銷員。業餘的業務員只會消極的看待自己，他們鮮少主動開發客戶，更不願投資在自己的價值提升上，包括購買任何銷售方面的書籍或ＣＤ光碟，他們只是被動的等待公司或單位花錢來訓練他們。但是，隨著歲月的流逝，淘汰只是時間問題！

既然你是老闆，你也可以聘請助理，入行第一天、第一個月、第一年都可以。推銷員除了面談客戶簽約的生產性工作外，有很多瑣事要處理，諸如：規劃製作建議書、追蹤保單核保進度、理賠相關事項……占據了你非生產性的寶貴時間，為什麼不像其他行業的老闆一樣，你也可以擁有秘書或助理來幫你打理一切！

而這一切的原點是，你是否相信你就是老闆，願意自我經營這一家一人公司？

當然，隨著日後發展，你也可以成為擁有百人到千人團隊的大Leader。請注意，我說的是Leader，你永遠不是他們的老闆，他們自己才是！

我要告訴大家，剛入南山人壽的那一年，我看了班・費德文的推銷術一書，裡面描述費德文先生總共僱用三名助理，每天晚上回到空蕩蕩的辦公室裡，對著錄音機講話，交代他的助理們一些待辦事項，隔天早上助理們就照著昨夜老闆已錄製好的錄音帶辦事。費德文先生除了最重要的成交收保費這件事外，其他非生產性的事完全交給助理去做，就連帶客戶去體檢也是由助理完成。

這件事給我很大的啟發和力量，光靠一個人致力於銷售就可以成功立業；但是，要懂得花錢買時間。之後我當然效法先賢，請了助理與司機，某次在南京東路三段的大廈裡談一宗生意，客戶很擔心停車的拖吊問題。

「Jerry，你有開車來嗎？」

「有啊！」

「那要小心，樓下拖車很嚴重。」

「沒關係，我有司機。」

當時那位陳董瞪大了眼睛，後來我用車送他去機場，在後座向他講解我的提案，完成了交易，「Jerry，你都這麼看重你的行業了，我怎能不看重你！」

由此可見，把自己當成老闆來經營，客戶就用老闆的規格和你交易。

許下追求卓越的承諾

每次的競賽，公司都會有一個數字做目標，數字是導航；但你內心的導航是什麼？沒錯，正是「追求卓越的承諾」。失去或根本沒有這一項心理素質，你怎麼驅策自己去完成一次又一次艱困的競賽目標呢？

美國作家桃樂絲・白朗寧在《清醒時分》（Wake up morning）一書中，明白的提出：「如果你真心想要一件事情，就要表現出一副志在必得的樣子，那麼，夢想就會成真！」這裡所說的「志在必得」，就是追求卓越的承諾表徵之一。

少數人是天生贏家，大多數人表現卓越都是在內心深處，有異於常人「志在頂尖」的心理素質。你看，高球場上的老虎伍茲，每次跟他同組競賽的選手大多會敗得很慘，不管他們在其他比賽中是如何的驍勇善戰，最後都淪為手下敗將。

而他們共同的結論是，老虎伍茲奪冠的企圖心太強了，他那肅殺的眼神展現了旁若無人的專注力，扼殺了別人的靈魂，卻完成了自己一次又一次的桂冠！只是可惜，緋聞案之後重現江湖的老虎伍茲，表現不如以往，你可注意，鏡頭上他的眼神已失去過往的懾人光芒？

許下追求卓越的承諾，立志出類拔萃，你的標準就不是在談生存了，而是提升了一個高度：要在同業中占一個要角，不再是泛泛之輩。

當然，你也願意付諸行動，不斷的全力以赴，直到那一天來臨為止。

這種心態的建立，會在內心發揮化學變化，你從一個遇事悲觀、經常抱怨的三流角色，慢慢轉變為不再抱怨，願意用樂觀的心態去觀照碰到的任何困難。殊不知，這種靜悄悄的微妙變化，會在你未來追求卓越的過程中，扮演多麼重要的角色！

而你，只須勇敢的面對自己，看著鏡中的你，不再逃避，並許下一個簡單的承諾：我的推銷人生，不許以失敗或平庸收場！前面提過，沒有人來做保險時全村敲鑼打鼓歡送你，從不缺貨的是周遭所有親朋好友的誤解與冷漠，甚至從此看你「落衰」；惟其如此，你更要堅定自己的信仰與抉擇，不假數載，要用你的成就讓他們眼鏡掉滿地，這不是快意恩仇，而只是要證明，你本來就比他們任何人都優秀。

優秀的過程不可能一蹴而成，你可能要花上好多年的時間，才能超越同儕，甚至同業，但你一旦領先，就要不斷的鞭策自己，拉大領先的差距，直到你爬升到公司最崇高的地位，享受實至名歸的崇敬，直到有一天，第二名以為自己是第一名！而這一切，僅只源於此刻，你願意許下的承諾。

最後願意再次提醒你，客戶不願意跟泛泛之輩打交道；因此，追求卓越是非此不可的宿命。

如何擁有自信？

二〇一〇年六月十七、十九、二十日這三天，我受邀到台灣雅芳公司，進行北中南三場晉升表揚大會中的「名人分享」，雖然時程緊湊，但俗話說中國人吃三碗麵：情面、體面、場面，礙於雅芳總經理王子云的情面也就欣然答應了。

和王總是在《商周》做「頂尖業務員專案」一起擔任評審時相識，共同擔任評審而相識，她是一位美麗、聰明、氣質高雅的小女人，和《商周》媒體執行長王文靜一樣，雖然位居高位，卻有如鄰家小女孩般的平易近人，皆是台灣成功的女性典範。

演講前幾天，我上了雅芳的網站，著實研究了一番。希望不同屬性的產品能讓台下的觀眾產生共鳴，最好的方法，就是深入了解演講對象的公司文化、企業精神，屆時才能融成一體，不至於雞同鴨講。

雅芳公司（AVON the company for women）已有一百二十四年的歷史（一八八六年成立），進軍台灣也已二十七年，是令人嚮往的十大幸福企業之一，全球年營業額超過八十億美元，台灣有二十六萬名登記會員、兩萬名外勤美容師。

看了雅芳的經營文化，第一句話就引起我會心一笑：完美自信的女性贏在：（一）財力（擁有自信）；（二）學習力（提升自信）；（三）影響力（成就自信）。

多棒啊！印證了我在《成功有捷徑》一書中所說的：「成功的人都是同一個模子打造出來的，真理永遠只有一條，世界上所有傑出推銷員講的都是共通的語言。」在台上分享時，我就從這她們公司所注重的這自信三力開始切入！

的確，現代的女性不能只要求男人賺錢養家，自己負責貌美如花；擁有自信的第一步，在於建立自己相當財力的基礎，擁有財力才會有真正的自由。

為什麼要有學習力呢？學習是為了複製成功，提升自信不由無邊無際、隨時隨地的學習不由功。影響力的養成則是為了培育他人、成就他人而實踐自我。換言之，做為一個直銷商，你的任務不僅只是賣商品，還應精通如何銷售合約書，有朝一日，能造就一群成功人士圍繞著你，不是最快樂的事嗎？除此之外，擁有自信是所有推銷員必要的人格特質與修練，你沒有自信，如何去贏得準客戶的信任？

要知道，在銷售的過程中，客戶會不斷的提出質疑，這是客戶的權利；也就是說，銷售的過程有如小舟行駛於驚濤駭浪之中，在情況危急惡化時，你要沉得住氣，審度情勢做出最好的應變；雖然此時客戶或許不發一言，但他卻若無其事的觀察我們的所有舉止，你的慌亂或自信，主宰了所有交易的成敗！自信的養成來自於對自己整潔的儀表，原植於久處之樂的學習功力。

請牢記，客戶不喜歡和缺乏自信的推銷員打交道，更何況把訂單交到他們手上！

聰明的學，癡心的做

癡心的做，就是傻傻的做；很多人是倒過來，笨笨的學，巧巧的做，省點力氣的做，最後乾脆企求不勞而獲，坐在家中就有好運錢財從天而降。

友邦深圳分公司業務副總蔡偉兵，在電話那頭和我討論分享主題，對話如下：

「大哥，您八月份到深圳ＭＤＲＴ④年度大會分享時，最好再順道到我分公司給大家再激勵激勵，教他們如何成交、有效的完成交易，我們很缺業績啊！」

「哎呀！你們已經那麼棒了，業務單位哪有不缺業績的，業績永遠缺不完。我看，先跟他們談談觀念吧！沒有奮進的決心和正確的工作態度，後面怎麼去成交，再好的技巧都派不上用場。業務員都太聰明了，卻不用來認真學，學習時很不用心，總認為我什麼都懂了；做的時候又太聰明，不拚命賭命去幹，眼高手低，小單不願意去簽，大單又簽不來。這樣吧！題目就定為『一點聰明一點癡』吧！」（腦中突然閃過二〇〇五年《商周》何飛鵬先生的專欄）

「嗯，這個很有意思，學習時要用心、要smart，工作時要拚命、要癡心。好，謝謝大哥！」

④ Million Dollar Round Table，簡寫為MDRT，百萬圓桌會，全球保險業的最高殿堂。

大多數的聰明人或者是自以為聰明的人，精於算計，須知「慧」不如「癡」，「慧」易成局，但難成大事，世上成大業者，都是靠著那股傻勁完成的。所以說，壽險事業最終的格局，決定的關鍵在於「癡心實踐」，而非聰明的取巧。

成就自己的業務DNA

世上最遙遠的距離，是我站在你面前，你居然不知道我愛你。

不是客戶荷包裡的錢到推銷員公事包的距離，是你和書本的距離。

不讀書和不識字是相同的，人的死亡不是生命的終結而是拒絕學習。

不是失敗到成功的漫漫長路，是爬離貧窮之路！

人無艱苦過，難得世間財，遠離貧窮之路將是永無盡頭，爬也爬不完。

03 行動凌駕一切

寧可白做，不可不做，做一個行動的偏執狂

人生偉業的建立，不在能知，更在能行。小人物或許也能成事，但大人物卻都能從小事著手。

成功需要行動，在你擁有前要先去做。從來沒有人會在無意中變成偉大，建設性行動帶你邁向真正的成功！

建設性行動

勤學、勤變、勤做，是我一年前提出的成功三要素。學習是為了改變，改變是為了成長，成長是為了成功，成功是為了成就，成就最終是為了要回饋，回饋這個社會、國家、客戶、團隊，它們都是滋你育你有形無形的養分與貴人。

但整個循環的脊柱卻是「行動」二字，行動在當時顯得相當籠統，就連大家最熟

悉的口號「寧可白做，不可不做」，也僅只是鼓勵大家去做。盲目的行動並不一定能保證成功，或者它只能讓我們啟動成功的初步。

為了避免一事不做、一事無成的窘境，多少人多少年做了多少事，卻也泛泛以終，充其量只是一個沒有陣亡的業務員，收入也僅僅止於維持生計，談不上卓越，更不要提飛黃騰達了。而這裡，我們要探討的，就是一般性行動和建設性行動的差異，同樣是just do it，差之毫釐卻失之千里。

我們都知道「吃得苦中苦，方為人上人」這句簡單的勵志句子。建設性行動與一般性行動的玄機就藏在一個「方」字。一般性行動最直接的型態就是八個字——原地打轉，一事無成。你問這一族群的業務員，做了沒有？見客戶了沒有？面談增員對象了沒有？他們的標準答案都是：「做了，我都有做啊！」

但是你看看他們多少年過去了，主任還是主任，襄理還是襄理，原地打轉了多少青春，收入僅止於糊口，職位原封不動。吃苦了沒，當然是吃盡苦頭了，但是，何以致此呢？

一個「方」字漏列了！看清楚，原文是「方」為人上人，而不是「保證」為人上人。吃苦是必要條件，為行動而吃的苦並非人上人的絕對條件；也就是說，行動是必需必然的，但不一定能保證成功。要成功，還得「行之有方」。而這個「行之有方」

正是我們現在要解析的「建設性行動」。

成功需要行動力，在你擁有之前，你要先去做，做之前還得先要改變，將「一般性行動」轉變為「建設性行動」。建設性行動的三大表徵是積極思想、目標導向、自我激勵。從來沒有人會在無意中變成偉大，所有的偉大成就都是刻意去完成的！

業務員的積極心態

美國成功學大師拿破崙・希爾（Napoleon Hill，1883-1970）窮二十年精力，拜訪了五百位當代最成功的人士，於一九二八年出版《成功十七定律》一書轟動武林，傳誦至今。書中的第一條就是積極的心態，第二條則是目標導向。世界上成功的道理都是一致的，血液裡是否流著相同的人格基因，註定了你這一輩子的成敗！

要知道，人與人之間原本只有很小的差別（積極與消極心態），最後卻產生巨大的差異，就是成與敗。建設性行動要求的是成果的表現，當然就得發乎於心不可。積極的心態講白了，不論碰到任何困難與阻礙，非得將原來既定的目標完成不可的決心，就像台北一〇一大樓放置的避震大鐵球般，不管大樓碰到幾級的強震，終究不會倒塌！

林語堂講中國人太熟悉三個字：「不可能！」你的增員對象最常跟你說：「你

行，我可不行，沒那個能耐！」嘴上始終掛著「不可能、不行、我做不來！」假如是這種心態的話，那日子過得可輕鬆了，啥事都不用做，更甭提碰到任何困難了。勇於接受挑戰的積極心態是：你能，我就能！在不可能中間加個逗點：「不，可能」（I'm possible），而這個逗點，就是心中那個大鐵球，即是泰山崩於前而目不瞬、冷對千夫所指、千山我獨行、雖千萬人吾往矣的積極心態！

從來沒有消極心態的人能夠取得持續的成功。即使碰運氣能取得暫時的成功，那也是曇花一現，轉瞬即逝。所以，如果你只是應和著主管「我有在見客戶，我有在做」這般消極的行動，即使湊巧運氣好成交了幾件單子，但好運總會隨風而逝，煙消雲散。

要獲致連續的成功，或是創造一番成就，積極不畏難的心態是你要培養的第一個心理素質。怎麼培養？你必須能切斷過去失敗不愉快的經驗，消除你腦海中的負面思想！

我們不是偉人，負面思想就像一個頑皮的精靈般不時蹦出來，但你要懂得即時有效的消除它。最好的方法是找出你現在最希望得到的東西（目標導向），想它想瘋了，同時立即著手去得到它！慧女不敵癡男，烈女怕纏郎，「癡」與「纏」不就是勇於任事，無視於困難橫於前並挑戰困難的積極心態嗎？

§

我們從小被灌輸的乖巧文化，與道聽塗說來的負面信仰，也多少阻絕了我們發展積極心態之路。譬如小時候父母常告誡我們：「囝仔人有耳嘸嘴」，或者當你好不容易下定決心要大幹一場時，「熱心且好心」的朋友就會冷不防的給你這麼一句「你已經太老了，現在談創業風險太大，還是安分點吧！」

「你永遠也賺不了大錢，卡早睏卡有眠！」

「你還沒有足夠的能力去做這個行業，好好再學個幾年功夫吧！」

美國現在當紅的驚險律師劇集《金權遊戲》（Damages），第一季中有一段情節：Hewes律師事務所裡的二把手Tom Shayes無緣無故被一把手Patty Hewes解僱，正當別的事務所要挖Tom去做合夥人時，Patty捨不得愛將高就他升，便跑去跟他說：「你還沒準備好啦！你還沒有足夠的能力去擔當一把手，一把手要背負的責任強度比你想像中大太多了，還是回來吧！在我身邊安分的多歷練幾年吧！」滿懷雄心壯志的Tom被她澆下這麼一大盆冷水，當場傻愣在街頭，終於又縮回去當她的輔佐大臣了。《Damages》的編劇實在是洞悉人性的高手啊！

積極的心態（Positive mental attitude）是建設性行動的第一男主角，更主宰了你人生很大部分的成敗。老生常談的東西最易讓人忽略，正如我們忽略成功的種子其實就在我們心中：

我們怎樣對待生活；生活就怎樣對待我們。

我們怎樣對待別人；別人就怎樣對待我們。

我們怎樣對待成敗；成敗就怎樣對待我們。

積極的心態是一個堅定不移的信念，永遠相信正面的努力必定有成；正如巴菲特永遠相信人類的景氣永遠向上走。它雖不能保證凡事心想事成，卻讓你遭逢任何困難打擊時永不放棄，你更願意善意的去幫助別人，而當報酬增加定律開始發揮作用時，你就會朝著鎖定的目標朝著成功，加速飛奔而去！

設定目標，咬住目標，獻身於目標

「向郵票學習，不達目的地，絕不鬆手！」

拿破崙．希爾把「要有明確的目標」列為十七條成功定律的第二項，你們一定很好奇究竟是哪十七條？（一）保持積極的心態；（二）要有明確的目標；（三）要能主動實踐；（四）正確的思考方法；（五）高度的自制力；（六）培養領導才能；（七）建立自信心；（八）迷人的個性；（九）創新制勝；（十）充滿熱忱；（十一）專心致志；（十二）合作精神；（十三）正確對待失敗；（十四）永保進取心；（十五）合理安排時間和金錢；（十六）身心健康；（十七）養成良好的習慣。

「目標導向」的白話文是：不能做白工。我們這個行業很特殊，工作評量沒有六十分，也沒有八十分，更沒有九十九分，只有零分和一百分。這也是很多人氣餒和絕望之所在，從小到大我們受的教育，只要及格六十分就可以有所交代，稍作喘息；但銷售這行業的特殊性，在於你沒有完成交易之前，你所做的一切拜訪、努力都失去意義！

所以，不要再說我有在做，而是：我做完了、我做好了、我完成競賽目標了！也唯有當你達陣的那一刻，所有的汗水才有了意義。什麼是我們的目標呢？即是由近而遠，由小而大，由點而線，當下的勝利連續到永恆的里程碑。

「目標導向」最簡單的詮釋是「參與競賽，如期晉升」八個字，建設性行動要由這些得獎紀錄來完成！以南山人壽為例，參與競賽並連續得獎在上半年是高峰會議，下半年則是雄鷹，兩年為期是環球會議，每個月則有四星會⑤榮譽——你的建設性行動要由這些得將記錄來完成！

單一客戶的成交能建立小小的信心，在競賽目標的達陣中建立中度自信，連續不間斷（以年為計）的桂冠才可稱之為紀錄。它可以建立你深度的自信，同時在公司客

⑤南山人壽公司每個月有四星會榮譽獎，以每月四件，FYC累計三萬元連續三個月起算。

戶風評間建立你的聲望，最後讓聲望帶你邁向成功，正如詹姆斯・柯麥隆執導的3D電影《阿凡達》，像男主角跳上那隻大鳥般，迎風展翅，載你傲視群雄。

我的高峰會議紀錄已累計二十八次（一九八三至二〇一〇年），自一九八二年加入南山的第二年參與至今，其間還榮獲三次會長寶座、榮譽會連年入選榮譽會員，期間也蟬聯三次會長榮耀。一個人壽保險推銷員沒有了累疊的獎杯，沒有了這些光環，就如同武俠片裡沒有刀光劍影，西部片裡沒有槍戰場面一樣的索然無味，更別提所有汗水、淚水的付出了。

平庸和卓越僅有一牆之隔

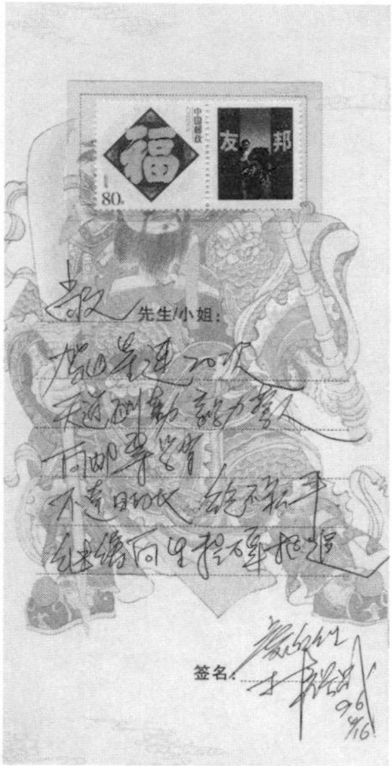

四星會是我最崇拜的得獎紀錄，有人從進公司第一個月就獲獎至今，甚至超過兩百多次（逾二十年）。高峰會議在上半年完成，下半年還可稍作喘息，四星

會卻得每個月馬不停蹄的趕業績；所以說，我最佩服四星會的成員，他們代表了無懈可擊的毅力與永不休止的戰鬥力！

為了表揚得每月四星會的單位同仁，我會準備一張郵票小全張，上面寫著：「向郵票學習，不達目的地，絕不鬆手！」我更在營業處外面牆上設計了一張海報，如上圖所示：

人的一生，或多或少，或大或小，總要給自己留下一點傳奇。

立足四星、高峰

用永不墜落的榮譽，成就明日的人上人！

「如期晉升」要求的是組織的擴大。OK，如果你滿足於個人銷售，無暇或不願意分享成功、擴大成就或是栽培後進，那也沒有人會怪你，這完完全全是你個人的抉擇。我要強調的是，銷售與增員是壽險從業人員的兩大主軸，你總得找一面牆來依靠，一面榮譽的牆來堵住你的後退之路，否則你到處跟人說辛苦了半天、忙了半天，你要如何自圓其說，又如何自處呢？

成功是要付出代價的，既然付出代價就一定要成功，要有可展示於人的成果。我們選擇人壽保險這個行業，本來就不能甘於平凡，淪於平庸，說說而已的一般性行動終將推倒那一面牆，唯有建設性行動，才能讓我們有所依靠、步履昂揚。

自我激勵的功夫

建設性行動說白了就是有績效的行動。工作不講求績效，沒有壓力，沒有完成任務的最後期限，那就是遊戲了。要遊戲，就不用進來拚搏了。

做為一個不向命運低頭的業務員，總有些東西流淌在你的血液中，那就是有朝一日出人頭地的企圖心，然則問題就出在「有朝一日」不能變成「漫漫無期」，在每一個階段去完成一個任務，揚眉吐氣的日子才會由漫漫無期，逆轉成指日可待。

攀爬的過程總是充滿艱辛與挑戰，逆轉命運更需要相當的能量，而這個滔滔不絕的動力引擎，就是世上所有成功人物都具備的心理特質：自我激勵。外在的激勵有時盡，內在的激勵才是天長地久，迫使你朝既定的目標前進，最終達到成功的頂峰。

剛入行時，第一個月賺一萬，第二個月降為八千，遠低於當時民國七十一年一個大學畢業生一個月一萬三、四千元的薪資水平，每天都為了要去哪裡拜訪客戶而發愁，這個月如果沒有成交，下個月的薪水不曉得在哪裡？

一早開完早會，就騎著光陽五十或和同事共乘野狼一二五，殺出去拜訪客戶……晚上睡覺時蓋上棉被，沒有業績、沒有收入的恐懼襲上心頭，想到自己建中、台大畢業的高材生，何以落難至此呢？英雄氣短的委屈化成暗自垂淚。但這時，那股深藏在血液裡流動的競爭力開始發酵，不服輸、不甘心的「自我激勵」引擎一旦啟動，頃刻將悲涼的淚水化成明日堅持奮戰的汗水……

多少年過去了，寶馬、賓士車取代了當年的摩托車，舞台（頒獎台）上的掌聲掩蓋了客戶門前的冷落。成功人物共同的特質是：最會被別人激勵，同時也是最會自我激勵的人。自我肯定和自我激勵字面相似，卻有天壤之別的內蘊差異。自我肯定在於出發前的士氣高昂；自我激勵卻是身處逆流中猶能奮勇向前。我常舉南非總統曼德拉的名言：「人類最偉大的光輝不在於永不墜落，而在墜落後能夠重新升起。」這就是自我激勵最佳的詮釋。

最近一名美國四歲女童Jessica的「Daily affirmation」在Youtube點播率爆紅，媽媽錄下她在浴室鏡子前手足舞蹈對自己的精神喊話：「我喜歡我的爸爸、媽媽、妹妹，也喜歡我的學校、髮型、阿姨。不管做什麼我都能做好，我是最棒的，我的家很棒！」四歲哪！這麼小的年紀都懂得自我肯定，將來長大即使面對各式各樣的人生困境，一定也能夠自我激勵、勇往直前吧！小時了了，大必佳！

沒有失敗，只有放棄

自我激勵（Self motivation）的淬鍊和涵養有幾種方法：（一）脫離舒適區；（二）訂下最後的期限；（三）把失敗當成好友；（四）調高既定目標。

（一）脫離舒適區：黑幼龍先生說過，成長與機會總在舒適圈外，辦公室是你的舒適圈，是拜訪客戶後滿身瘡痍，回來歇腳，準備再戰的避風港，你要逼迫自己走出舒適區，進入夏熱冬冷的街頭。

（二）訂下最後的期限：因胰臟癌在鬼門關前爬回來的賈伯斯說得正點：「死亡是世上最好的發明。」想像生命即將結束，你將會有何等的急迫感？如果沒有每月的業績截止日，我們肯定在一年的年終才會衝刺，為什麼不「領先」完成呢？

（三）把失敗當成好友：世上少有一帆風順的事，我們都知道，一次就成交的case要當心。沒有失敗的歷程，成功也就少了一份踏實；事實上，客戶只是暫時沒成交，拒絕的刺激絕對會讓你激發潛在的創意。賈伯斯曾被蘋果電腦開除過，被自己創辦的公司開除的刻骨銘心，如今已昇華為橫掃全球的科技沙皇！因此，賈伯斯說出了另一句名言：「過往成功的沉重被重新來過的輕盈所取代！」

（四）調高既定目標：原來的目標完成後，你會覺得索然無味。二〇一〇年，NBA球星柯比・布萊恩（Kobe Bean Bryant）率領湖人隊二連冠後，馬上瞄準了三連冠，網球名將費德勒，破了山普拉斯十三座大滿貫後仍不滿足，仍在溫布頓奮戰不懈，努力尋求第十六座大滿貫。

真正激勵你奮發向上的，是一個偉大到讓你晚上睡不著覺的目標，發揮你的勇氣與想像力。如果你企圖駕馭著「建設性行動」號，在漫無邊際的海上航行，「目標導向」是羅盤，「積極心態」是船桅與風帆，而「自我激勵」則是那具引擎了。想像一下沒有動力引擎、沒有風帆、沒有羅盤的「一般性行動」號，將如何迷失在人生苦海中，漂泊何所止？

§

建設性行動建立在關鍵性任務上。業務員只有一個最重要的成本——時間。大多數的業務員終日遊走，害怕見準客戶；已做了一段時間的中段業務員（介於新人與老人之間），也只是在初期已成交的老客戶間浮沉，然後漸漸的將賺來的錢慢慢花光，沒有了新業績，收入無以為繼，陣亡是早晚而已。

一個有趣的統計數字是，每年有三分之一的銷售人員進入了人壽保險行業，但仍然有三分之一已入行的現職人員遭到淘汰的命運。

我一直強調人壽保險這個行業不是周轉率高，是淘汰率高，不適者淘汰，天公地道！為什麼？這邊賺不到錢，入不敷出，只得另謀生計了，他們離開時還很嘴硬維護自己尊嚴的說：「保險業，袂做ㄟ！」

言下之意不是自己不行，是那個行業不行。真是這樣嗎？我們大家心裡雪亮，是他們「沒在做」，或者盡做些無關生產力的事。工作勤奮也並不一定代表成功，時光飛逝，最後也只能打包行李，飛入尋常百姓家。**殊不知給自己的無能找一個有尊嚴的藉口，卻是一件最沒有尊嚴的事。**

業務員的關鍵性任務

業務員的關鍵性任務：（一）開發準客戶；（二）持續拜訪客戶——爭取信任、要求成交、延伸客戶。

（一）開發準客戶：優質準客戶名單的庫存量，決定了你是否能在這個行業繼續生存下去的主因。問題是，這成了大多數推銷員最大的瓶頸。開發客戶，特別是陌生式的開發，往往還沒行動，就已經在他們心底深處埋下了陰影，陰影來自於害怕被拒絕與自尊的受損。

我的建議是，業務員不要把自我的尊嚴拉太高，否則最終你下意識裡會被自我保護的本能機制弄的寸步難行，久而久之，這種逃避行為就會變成一種習慣，你會去找老客戶聊天，因為他們會接見你，給你咖啡與尊嚴，然後你又可以裝作一副很忙的樣子，但於事無補，你已步上陣亡之路。

要知道，最難見到的準客戶，或是給你最嚴酷拒絕、面子最掛不住的朋友，也許將來就是給你最大訂單的優質準客戶；願意跟你純聊天的「好客戶」，卻絕對不會再跟你購買，只會占去你寶貴的時間成本。

你必須很清楚分辨這兩者的差別，要在這個行業生存下去，對於準客戶名單的追尋，要永遠保持飢渴與機警，大量的拜訪、大量的開發、大量的篩選，直到足夠的A級準客戶名單出現為止，然後進行下一件最重要的事。

（二）持續拜訪客戶——爭取信任、要求成交、延伸客戶：客戶沒有優劣之分，差別只在於能不能接受你的產品與你這個人。你當然無法一見面就決定準客戶值不值得你持續拜訪，所以前面的幾次（三到五）拜訪是彼此篩選，你在選擇他，他也在觀察你是個什麼樣的業務員。把自己修練到一百分之後，就要全力爭取客戶對你的信任，得到信任與肯定，接下來的工作才會有進展。

請牢記，客戶初期因不了解你而拒絕你，最後會因認識你而完成交易。為每一次的拜訪找一個理由：一個話題和一份得體的小禮物。試想，如果一個業務員每次登門拜訪都只問建議書看了沒？豈不了無生趣！小禮物可以是一本書、一張ＣＤ或一碗巷口出名的蚵仔麵線……你心裡有著客戶，客戶當然也會在心裡擺個位置給你。

一旦你發覺時機成熟，就可以要求成交了，成交之後最重要的工作，是要要求轉介名單以利延伸客戶。你也一定明白，百分之十的頂尖高手有百分之七十以上的新業績是來自老客戶的推薦購買與重複購買，開發新客戶的工作有很大一部分轉移自老客戶身上。

這樣經營的功夫和成效對你而言，還有一段漫漫長路要走，但你只要不偏離航道，專注在關鍵性任務上去執行，終有讓你上手的一天。

§

週日下午四點，惠珠經理買了五碗勝口味蚵仔麵線回來辦公室，給週日主動來加班的同事吃點心，我們圍著業務員桌津津有味的聊了起來。

「我介紹的沒錯吧！蚵仔又大又新鮮，大腸用另外一鍋滷，不像有些攤子是買冷凍大腸直接灑進麵線裡加溫。上回我招待大陸保險朋友去嚐嚐，回去之後，他們都念念不忘，說台灣小吃真是好吃。哈哈！」

「處經理，延平北路的高速公路橋下也有一家，每天排隊排得滿滿的，那一家每一碗的蚵仔都鋪在碗上面，也是滿滿的……」

惠珠邊吃邊說：「對啊！與其少一顆不如多一顆給客戶，多了那一顆，下回客戶再回來吃一碗。我都弄不懂為什麼這麼簡單寵愛客戶的道理大家都不懂！」

「還有，我有一個在菜市場賣海鮮的客戶，母親節的時候她跟客人說，來，今天送妳新鮮生蠔，妳自己拿！客戶不好意思拿少了，她還往上加，多棒啊！」

惠珠跟著又說：「這就是退佣嘛，我們做保險不用退佣，但你可以換個方式回饋客戶，每一次去拜訪客戶就送他一樣禮物，到後來他受不了：欸，你這樣做生意會不會虧本啊？你就回答他，不賺錢也要爭取你成為我的客戶，我是來交你這個朋友的！」

客戶怎麼不知道你賣保險有錢賺，問題是你會不會做人，人家心裡盤算要不要給你這個生意，讓你賺他的錢。

名人杜月笙說：「金錢花得完，交情花不完。」不是嗎？

廿霖經理在一旁直點頭，「這個要慢慢體會，很有道理。」

我立刻糾正：「什麼慢慢體會，領悟了就要頓悟，還要體會多久啊？三個月，還是三年？行動凌駕一切！」說完，大家笑成一團……

成功者的八大習慣：

一、從辦公室上班、下班的習慣

若不先建立好習慣，等於建立了一套壞習慣，它會先在門外探頭探腦，然後進入客廳當客人，接著到廚房走動，最終走入主臥室喧賓奪主，成為主人，從此主宰了一個惡性循環。除非你能逆轉能量，建立好習慣。

從辦公室上班下班的習慣，這是最簡單的道理，卻是大多數業務員做不到的事。既然你體認到你已身為老闆，就要有到公司開張（店）的習慣。

很多人會說，我直接從家裡去客戶那裡拜訪不是更省事？但有多少新人真正做到？晚上心裡這樣盤算，第二天早上「不小心」睡過了頭，早把直接去拜訪客戶這件事忘到九霄雲外。因為你的內心深處是害怕厭惡拜訪客戶的，唯有強迫你自己一早起床，去營業處開早會，然後一切有益於生產性的活動才會於焉展開，否則每天睡到太陽曬屁股你才起床，像個沒頭路的年輕人一樣，你的父母都會懷疑，你有沒有在保險公司上班啊？從營業處出發，想都不要想，就是起床後的一個反射動作吧！

傍晚時分還是得先回營業處，整理一天的工作行程，或許在公司簡單的吃個晚飯後，你還得再去做社區拜訪，直到當日找到一個可以送建議書的對象，你才可以下班。如果傍晚直接回家，包準你不想再出門了。

「哎呀！累了一天，我是該休息休息了！」有了這樣的心裡暗示，你怎麼可能再整裝出發？

以前我掛在嘴巴上最常講的一句話就是：「爸爸回家吃晚飯，全家沒飯吃！」拚鬥的過程沒那麼簡單啦！黃小琥唱的情歌如此，創業更是如此。

再如果，回到公司整理完一天的日誌後，真滿意當日的工作量與收穫，那就從營業處吹口哨下班吧！這時你會有一種往成功邁進的幸福工作感。

二、感恩與回饋

在感恩的過程中，看到別人的影響力；在回饋的過程中，看到自己的影響力。

人壽保險事業是徹頭徹尾的師徒制，每一個新人都不是從石頭縫裡蹦出來的，都是他的主管辛辛苦苦帶大的。當然，還有公司的培訓課程。

哪一位新人不曾有跑給主管追的經驗？從一開始增員你的艱辛到市場上的培同推銷，一直到你能獨立作業，這一段母雞帶小雞的過程非親身經歷過不知其苦。

我最欣賞新人得獎上台一拿起麥克風就先感謝主管的人。然而，多少年過去了，當你再拿起麥克風，能一起頭就感激當年提拔、培育你的主管嗎？

我的恩師林文英先生⑥曾告訴我一個故事：「有一次，一對主管和徒弟，兩個都早已晉升為高階主管，某日吵得不可開交，林總請他們到他辦公室排解，那位徒弟開口就說：『他可從沒教過我什麼，我都是自己努力起來的！』」

林總聽了，當場告誡這個不知感恩的業務員：「如果他都沒教你任何東西，你今天怎麼可能坐在這個位子和我講話？」

你懂了嗎？這是一句多棒的當頭棒喝啊！

人有四種，第一等人是「知恩圖報」，每逢過年過節，還會送點「丹露」給自己的主管或幫助過他的人；第二等人是感恩，猶知感恩，圖報沒有了；第三等人是過河拆橋，認為自己所有的成就從來沒有主管的幫忙，在辦公室或任何場合對主管視而不見、擦肩而過，更別提拿起麥克風感恩了。最差的第四等人是「恩將仇報」，這種人充斥在你我的日常生活當中。

結交前兩者，遠離三、四等人吧！

你是一個什麼樣的人，決定了你以後成就的格局，更重要的是，你怎麼對待主管，你的徒弟們就怎麼對待你，屢試不爽。

你為一個人開門，然後一群人簇擁著你為你開門，不是很開心的事嗎？回饋是一種給予，更是高貴的情操，社會上最成功的人，都是最懂得回饋的道理。取之於社會用之於社會，能豐富部屬者必更加豐富於自己，不用我再多言。

三、做個受歡迎的人

做人成功，失敗是暫時的；做人失敗，成功也是暫時的。

週日到統帥球場和人尬組，和一位張先生以及另一位在經濟部任職的周先生打球，上回和周兄同組過一次，對於他以微胖的身軀卻能有令人驚艷的開球距離，留下深刻的印象。

雖然是陌生三人組，卻也從實記分以排開球順序，中間互有領先，其樂也融融。

有一洞標準桿四桿，我和老張都柏忌（Bogey）作收，小周距洞口兩呎推桿沒進，他自

⑥曾任職南山人壽公司總經理、壽險公會榮譽理事長，目前在台灣人壽擔任董事。

報加上兩個Duble，我笑著跟他說：「剛喊你OK了，」轉頭交代桿弟：「就加一吧！三人同桿。」小周有點不好意思的笑了，但看得出來還是開心的。

從一開始我就不吝於讚美他們「好球這，好球那」；若是打壞了則說：「哎呀！剛下過雨，場地濕滑，桿頭吃下去會卡住，我也常這樣，這不是技術問題。」

再過兩洞，小周主動問我：「林兄，你手機幾號，下次要來時，電話約一下。」

你可以默默的打完十八洞，也可以開心的打完十八洞，然後交到不認識的新朋友。

下午四點剛打完球，從林口回台北的路上，在車上收聽廣播，轉到92.1，聽見徐薇在電台介紹台北電影節，還找來了名影評人聞天祥聊電影，在節目中介紹十大必看電影，第一部《美麗上海》是王祖賢息影前的最後一部代表作，還有印度片描述傭人的《幽靈情人》。

徐薇插了一句，「去年電影節，你談到柏林影片時，好像也有提到這部。」聞天祥馬上說：「哦！是啊！徐薇，妳記憶力真好，去年的事還記得這麼清楚。」我在車上雖然沒看到徐薇的表情，但聞兄讚美的適時得體，想必徐薇也開心的甜笑在心裡吧！

俗話說：「好話一句三冬暖，惡言傷人六月寒。」不要說做業務，最起碼的做人，都要盡量讓周圍的人開心。廣結善緣，與人為善，交情的存摺在朋友那邊存愈多，將來才有得提款。做保險就是做人，在其他行業做人失敗、信用破產的人，不可能在人壽保險這個行業成功；而已經身處其內的人，人情世故這門功課更得時時下功夫。

不要吝惜於讚美別人，讚美擦亮了別人的顏面，更擦亮了你自己心中的鑽石；也不要害怕或計較被別人利用。

我們要創造被利用的價值，人家要利用你，代表你猶有可用之處。對己儉，對他人不儉，是為愛；對己儉，對他人儉，是為儉；對己不儉，對他人儉，是為吝。金錢如此，學問也是如此，交情更是如此。錢財用得完，交情吃不光；存錢再多，不過金山銀山，誰也帶不走。交情一旦發揮，好比天地難量，所以說，除了存錢更要存交情；就如同高科技生產線要求品管、注重細節的瑕疵，留心「魔鬼總在細節處」，人際關係的經營也在細節，琢磨細緻的人情，讓你成為受歡迎的人。

四、向第一名學習

學習不要迂腐，不要陳腔濫調，更不可以淪為口號。想要志在頂尖，就得向第一名學習，「向第一名注視」（Looking out of No. One）！

我不懂圍棋，沒見過張栩，但從各種報章雜誌對他的報導與專訪，認識了他。銷售和下圍棋可說是遠親不如近鄰，天各一方，但內涵卻一致──圍堵對方，直到對方束手就擒。今天不談搏殺，而是學他成功的心態與路程，第一名的背後都是相同的奮戰。張栩這位青春少年兄，是史上第二位拿下七大棋賽大滿貫的棋手──棋聖、名人、本因坊、十段、天元、王座、碁聖──未滿三十歲就完成霸業，比第一人趙治勳還年輕；當然，也創下史上累積七大賽大滿貫最快的選手，連續三年名列日本獎金排行榜第一。

張栩說，他不喜歡輸。好極了，不甲意輸的感覺，這是世上所有頂尖高手的共同心態！「變強，是因為我不喜歡輸！」把這句話抄下來，寫在你的記事本第一頁，每天翻閱，成為你的座右銘。張栩的不喜歡輸有三個層次：「比賽時全力以赴，比賽之外做好努力和準備，然後在心態上賭上自己的人生。」

你推銷時有沒有如此？狹路相逢勇者勝。你做銷售、做保險，有沒有賭上你的人生？有沒有預想客戶所有的反對問題，超過百分之一〇一的準備？

從前郭文德董事長曾說：「如果抱著試試看的想法來做保險，肯定不會成功。」我一直的想法是，如果世界上只剩下人壽保險這個行業了，沒有退路才有生路，做到絕處才能逢生。試問，你下了非成功不可的決心了嗎？

聽聽張栩下面的說法，結尾更棒：

不喜歡輸，但也不可能每場皆勝。若輸了，不會陷入負面情緒，回家以後，第一件事就是打開棋譜重溫一遍，細細思量失敗的原因，避免下回重蹈覆轍。

一般的業務員，不要說決戰口輸了就挫敗不已，連平日拜訪客戶，對客戶的拒絕都難以承受，兩三下就退出武林。失敗後的檢討為成功之母，頂尖的高手都是以失敗為師；重要的不是失敗，而是要從失敗的那一點重新站起來！

做業務的前十八年，我不會打高爾夫球，但我懂高爾夫，這是向老虎伍茲學習；我也不會打網球，但我懂網球，這是向山普拉斯學習；我也不會下圍棋，但我們要懂得以張栩的奮戰人生為指標。

銷售在於掌握百分之九十八的人性，人性就是客戶的生活與興趣，你可以不會，但一定要深入淺出的了解，以便和客戶心靈相通，生意也才能相通。別忘了，注視第一名！

五、刻苦，極刻苦，不以為苦

台灣網球名將盧彥勳，在二〇一〇年溫布頓網球賽打敗了第五種子洛迪克（Andy Roddick），力戰五盤，以三比二後來居上，進入溫網八強，是台灣第一位打進溫布頓第五輪的選手，更是自一九九五年以來，第一次闖進八強的亞洲球員。先前盧彥勳的最佳紀錄是打了一輪溫網，後來破紀錄進入十六強，又一舉打垮之前連敗他三場的美國重砲手洛迪克，進入八強。實在太可貴了！

那一回我只看了前兩盤，第二盤打到四比五，面臨一個破發盤末點（Set point），如果再輸，就跟第一盤一樣了（四比六）；結果盧彥勳沉住氣，守住發球局，再逼到六比六，最後以搶七，贏下這艱辛的第二盤。

我跟他在台灣觀戰的母親想法一樣，能贏一盤就好了，免得輸得太難看。後來我關上電視去睡覺，心裡惦記著盧彥勳會不會大逆轉，贏了洛迪克？沒想到一早醒來，打開i Phone進入《聯合新聞網》，奇蹟竟然發生了——排名八十對洛迪克五！斗大的標題寫著：「盧彥勳勝洛迪克，挺進溫網八強」，副標是「歷史性一刻！盧彥勳電話報喜，母子哭成一團」。這實在是太感人了！

盧彥勳應該也是「抹甲意輸的感覺」，當面對強敵、比分落後時，一直告訴自己要冷靜，一球一球打，終於夢想成真，創造歷史！另外一提，其實我也滿喜歡選手洛迪克，他曾拿過一屆美國公開賽的桂冠，戰果比盧彥勳輝煌太多了，他應該也是一個可愛的大男孩吧！這一戰洛迪克當然很悲情，但就當作比賽是提拔年輕人奮鬥的心吧！

這種落敗的心情，就像當年藍道在法網被初出茅廬的張德培擊敗般，是需要自我調適的。

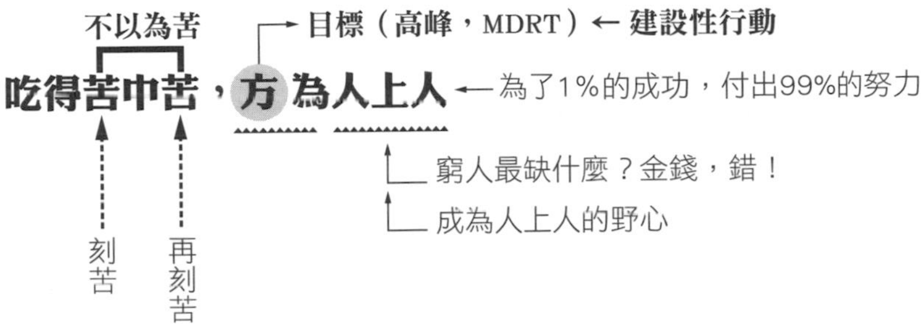

追尋成功的過程，千篇一律是：「刻苦，極刻苦，不以為苦，吃得苦中苦，刻苦，再刻苦。」這道理如同保險業的業務員為了達成目標——高峰一樣，力行有建設性行動，方為人上人。為了百分之一的成功，付出百分之九十九的努力。若問窮人最缺什麼?金錢。錯！而是成為人上人的野心！

「不以為苦，以苦為樂，樂此不疲，快苦快樂，慢苦慢樂，不苦不樂。」用痛苦和挫敗去爭取最高的榮耀吧！

張栩自喻練棋比別人勤與苦，別的棋士一年頂多參加四十場比賽，他一年參加七十場比賽，連續了十年，若沒有刻苦的「努力」，就無法「蓄力」，最後就沒有贏的「氣力」。三和四一開始只相差一，三的四次方和四的四次方，卻是八十一對二五六，差之毫釐，失之千里。

「1」是一個奇妙的數字，是最小的數字，最少的差距，卻能成就最大的榮耀。你一天只要多拜訪一位客戶，多遭受一次拒絕，多認識一位陌生人，每天就這麼一點一點累積你的實力，等到有一天，別人也只能仰望你的成就了！祝福所有業務員成就自己的驚奇之旅，有朝一日能像巨星一樣，讓世人注視與仰望。

六、自我調適的能力

訓練自我調適的能力，有三個面向：（一）我喜歡自己並且熱愛我的工作；（二）終身學習；（三）永無止境的訓練自己。

（一）我喜歡自己並且熱愛我的工作：這是事實嗎？如果你的答案有點遲疑的話，麻煩再問一次，直到這個答案令你自己滿意並且根深蒂固為止。

人壽保險是個被拒絕的市場，更是個買方市場，客戶家門口永遠架著一把裝滿「拒絕」子彈的機關槍，對著我們永不休止的掃射，我們每天在「拒絕」的槍林彈雨中匍匐前進。

「頭家娘，我是南山人壽林裕盛。」

「免啦！」

才推開沉甸甸的門，南山人壽講完後面名字還沒報完，就立馬飛出一碗「麵」。她以為我已經被趕（嚇）跑了，伏在桌上架起老花眼鏡寫她的公文，我倚在門邊，深呼吸了一口、二口、三口說：「頭家娘：……」

「咦！你還沒走啊！你以為我們這裡是保險公司的練習場，我告訴你，這裡是墳場，推銷員的墳場！」她拉高了嗓門。

我冷靜的收拾破碎慌亂的心，「頭家娘，每天這麼多不速之客來打攪妳真的很煩喔！不過，我今天已經吃了十幾碗麵，可不可以賞我一碗飯吃？」

她再次抬起頭定定的看著我，我也定定的回看她，嘴角擠出一絲慘綠少年無辜的弧線，然後她笑出聲來。

「ㄟ！你這個少年仔，怎麼這麼皮，都趕不走啊！」

意思是我可以走進去了？我端了椅子坐在她斜角，「頭家娘，有水嗎？」

「自己拿，那邊。」破冰完成。

我相信自己、喜歡自己，熱愛我的產品與工作，熱愛一回生二回熟、凶悍可愛的頭家娘（準客戶）。

§

（二）終身學習：你有沒有認真想過，其實在你離開學校以後，你的學習生涯才算是真的開始。大部分的人學校畢業以後，發誓從此遠離書本，再也不看書。這樣子的話，你怎麼能繼續成長呢？成長是一個終身學習的過程，持續的訓練與學習會讓你更有能力，更能控制挫折，相對的，也會讓你更加樂觀積極。變強，是因為我們不想輸，不斷的改進與提升，會讓你及早完成目標。

（三）永無止境地訓練自己：有一期《高爾夫文摘》的畫面震撼了我，老虎伍茲背對鏡頭，遠方高掛著月亮，桿弟在其右後方，教練在正後方，地面上擺滿了小白球，一顆揚起的練習球飛向月亮，標語是：「勝利來自每個月夜的苦練」。老虎伍茲都能如此苦練功夫了，而你在做什麼呢？

要克服困難，要調適客戶的拒絕，要從失敗的深淵裡把自己拉出來，你要能透過挫折，一次又一次的訓練自己。客戶就是最好的老師，被客戶拒絕久了，失敗的案例多了，毅力便可以帶動技巧。刀要石磨，人要事磨，推銷員要客戶磨，磨久了自然發亮。優秀的頂尖高手永遠離不開學習，永遠不荒廢練習，更永遠熱愛自己的工作，對於任何拒絕與苦難甘之如飴，並視為邁向未來的跳板。

現在最需要自我調適的應該是洛迪克了。還記得他在二〇〇九年的溫網冠軍戰，以五盤敗給費德勒，淚灑溫布頓；二〇一〇年六月，再敗給排名遠落後於他（七比八十二）、被美國媒體戲稱為一直在「小聯盟」打挑戰賽的盧彥勳，無緣晉級前八強。洛迪克描述他的心情「就像被老闆炒魷魚一樣難受」，但還是很有風度的盛讚盧彥勳的球技，「盧表現得非常好，他展現升級版的砲彈發球，與穩定又見侵略性的底線抽球，同時又有很好的作戰計畫，而他也努力去做到了，他確實應該贏得比賽。」

我想洛迪克的心情肯定很不好受，卻又能衷心的祝福對手，才能看清自己的弱點與失敗之處；如果一味的把對手的勝利歸諸於運氣，驕兵心性不除，只會一敗再敗，永無再起之日。

客戶拒絕成交，我們可以自我檢討，或者溫柔而嚴肅加誠懇的請教客戶：「主顧先生，能否告訴我，我哪一點做得不好，我很希望在這個行業成功，我不希望再發生同樣的錯誤，可以給我您的看法和忠告嗎？」也許經你這樣真誠的告白，可以引出客戶無法成交的真正「幕後黑手」，最終還完成交易也說不定。再者，若真正指正你的缺失，你不是雖失亦得嗎？從失敗中得到的東西最寶貴，成功是學不了什麼東西的！

洛迪克這樣可愛的大男孩一定很快可以再起；盧彥勳呢，二〇一〇年溫布頓最大的傳奇與崢嶸，在倫敦夕陽斜照中，讓我們共同擊掌於他從極刻苦環境中躍起的巨大身影。與有榮焉，正港的台灣囝仔！

七、在關鍵時刻使出渾身解數

範例一：

客戶麵攤頭家娘扯開嗓門，想攆走不速之客，我用調皮的語氣化解尷尬場面，奮力取得面談的機會。

「你以為我們這裡是業務員的練習場啊？」

「頭家娘，今天已經吃了很多碗麵，可否賞碗飯吃？」

範例二：

前文所述中，與中文系教授的對話就是一個關鍵時刻，而我用《我們仨》這本書當作聊天的主題，化險為夷、取得最終的信任。

「林先生，你平日都看什麼書啊？」

「我最近看了一本書《我們仨》，很有意思。《我們仨》是楊絳寫的，懷念先生錢鍾書和女兒媛媛……」

贏家總在關鍵時刻使出渾身解數，輸家卻在事過境遷追究責任歸屬。要成為頂尖高手，一定要有愈挫愈勇的人格特質。

所謂臨危不亂、化險為夷、危機即轉機，「危」的出現就是一種「機」，機會稍縱即逝；所以，也可以說是「機不可失」、「當機立斷」。

兩軍對陣時，若呈拉鋸戰，要分出勝負，就得等關鍵時刻出現，再鎮定出手，出手定輸贏。這個道理如同詠春拳的至高境界：留情不出手，出手不留情。另外一提，說到詠春拳就不得不提到電影《葉問》，影星梁朝偉演活了「一代宗師」葉問，和甄子丹版的《葉問》各領風騷，不遑多讓。

二〇一〇年六月，道奇和洋基系列戰第二戰，道奇老教頭托瑞為了搶下一勝，在第六局就派出郭泓志中繼，去面對洋基最強的一到五棒。

此時面對基特（Derek Jeter）、波沙達（Jorge Posada）和A-Rod等洋基隊超級球星，在球賽的關鍵時刻，小郭當然使出渾身解數，直球和滑球交相迸出，基特和A-Rod各吃了一個三振。結局是郭壓制了洋基隊的華麗打線，並拿下本季第十二個中繼點，且創下讓二十五位左打者都無法擊出安打的驚人紀錄。

托瑞賽後表示：「郭泓志藝高人膽大，勇於對決，關鍵時刻絕不手軟，是道奇隊後援投手群中，除了終結者外，最穩定的投手。」

美國媒體更直接點名郭泓志是目前大聯盟最強的中繼左投，如果能維持這種優異的表現，應該可以入選七月舉行的大聯盟明星賽！

郭泓志的手臂歷經三次重大手術，他浴火鳳凰般的事蹟令人驚嘆，每次的挫折更滋養了他出人頭地的決心。

所謂關鍵時刻的精采演出，不過是再次驗證他永不服輸的決心而已。

八、自我管理的能力

節目《今晚哪裡有問題》的助理三度邀我上節目錄影。前一天傍晚，節目助理再度打電話給我，討論細節，並先期作業現場問題處理，其中有一個問題是：「你如何管理你的團隊和屬下的業務員？」

「我們的業務員跟我一樣，都是老闆，我們只是先來後到，我們是夥伴關係，不是上下屬。我的角色是幫助他們，他們沒有領我的薪水，所以談不上管理，團隊裡的每一個人，都要懂得自我管理。」

當天晚上，我在「荷風中國菜」[7]宴請本通訊處上半年完成高峰競賽的二十位同仁，其中有一半是老人、一半是新人，席間杯酒交歡，笑聲融融。我請每人簡短的發表心得，整理一下他們完成目標的心態，並許下下一戰的承諾。

新人的共同心聲是：「感激主管、同事的打氣，以及處經理的隨時叮嚀與鼓勵」。

我端起酒杯祝賀他們，然後再一次釐清大家的思緒：「其實我無法逼你們做業績，今天所有的業績、所有的成就，都是你們去拚出來的！處經理所做的，只是不斷的在你們跟前耳提面命，提醒你們要加油、要自我負責。最重要的是，我要對得起你們的父母。」聽完這番話，大家眼睛睜得大大的。

「不要說父母望子成龍成鳳，最起碼的期待，總是希望小孩子去了保險公司能賺到錢、發展事業，我們都是這樣說服爸媽的，不是嗎？結果菁英班結訓之後，沒人要求你了，在家裡晚上不睡覺，早上不起床，起床了不出門，生活習慣亂了套，當然收入也變成有一搭沒一搭，三不五時還要父母接濟，創業不成，還幾近潦倒。如果變成這樣，父母能不痛心嗎？反之，如果你生活正常，每天精神抖擻，每個月發薪日還能塞給爸媽一個大紅包，父母還會主動幫你處理親朋好友的反對問題，甚至幫你做生意；因為他們對自己的小孩放心，認為孩子正在往成功的軌跡上邁進啊！」大家聽了拚命鼓掌。盛智經理的部屬陳佳君，她是個感情豐富的人，聽完後紅了眼眶直掉淚。

以我的例子來說，父母親將我辛苦撫養長大，因礙於家庭經濟的一夕變故，不但要我放棄出國留學的夢想，還要面對學業名列前茅的長子潦入「拉保險」的行列，當時阿母的心情一定是「足嘸甘」，但最後也只能讓我走上這條路。

在一九八一年生命的轉彎處，我不但沒被社會淘汰，反而還頭角崢嶸。

在圓山飯店的南山榮譽表揚人會上，當我進行第一次的會長致辭時，我告訴台下的父母：「兒子雖沒能去美國修一個博士學位，但在台北也一樣完成夢想了。一面會長的

⑦位於台北市民權東路和復興北路一處僻靜的巷子裡，是一間頗具特色的店家。

錦旗當然無法取代博士學位的尊貴，但那份在銷售領域的肯定，卻是無庸置疑的！」父母在台下泛著淚光。

表揚大會過後，母親還屢屢幫我做case，幫我增員。例如：本公司的一位呂玲雲經理，原本經營委託行生意，聽到我母親一直誇保險有多棒、兒子有多孝順，深受感動的她加入團隊，至今還不忘當年的提攜之情，常抽空去看我失智的母親。

我們肩負著多少人的期待進入保險業，我們沒有失敗的本錢，擺在我們面前的，就只有力求生存、再求卓越這條路。

這一路上所有的艱辛困難，都只有靠你自發的意願去一一克服，逼迫自己去追逐夢想。

奇蹟和快樂來自於承擔責任

人生偉業的建立不在能知，而在能行。也就是說，你所有的功力加上無懈可擊的執行力，再加上百分之一〇一的努力，等於成功。

千萬收入來自千辛萬苦，說遍千言萬語，踏過千山萬水，嘗盡千辛萬苦，統率千軍萬馬，但千萬別忘了，最重要的就是執行力；所以，千萬要睜大眼睛選擇你的行業、事業夥伴和人生伴侶。

大陸歷史劇《少年康熙》有一集內容很有意思。順治皇帝覺得自己一事無成，在臨終前問母親孝莊：「快樂嗎，這一輩子？」

孝莊回答他：「我十三歲前，在大草原的日子無憂無慮，是快樂的；十三歲後，嫁給你父親，離開那片大草原後，快樂就留在那裡了，從此只帶走一個『責任』。」

我回想自己的人生，確實也是如此。大學時代倘佯在台大校園椰林大道的時光是快樂的，退伍後出社會，扛起整個家計拚命的工作，只剩下一個「責任」。讀者諸君，你們呢？

奇蹟⑧，「奇」是大大的可能，「蹟」則是用行動力去實踐「責」任；行動不是莽撞，是建設性行動，是咬住目標，獻身於目標的有意義行動，有壓力才有動力，所以說目標的完成代表「責任」的完成。

當你一項項「責任」圓滿達成，也正意味著你搭起了一座座「成就」的階梯。沒有「責任」、沒有壓力、沒有目標「目目游」（無邊無際沈浮人間），真的快樂嗎？那種快樂是空虛的、短暫的。

⑧「奇蹟」一文的發想，來自於美國友邦人壽北京分公司業務副總李正本先生的分享提供。

真正踏在結實土地上的快樂，來自於「目標」與「責任」的完成！我想，你一定同意這一點，就讓我們攜手共創「奇蹟」吧！

成就自己的業務DNA

人壽保險事業成功是必然，不是偶然，根本因素在於自律。自律是自我要求、自我驅策、自我逼迫，除了下定決心自我逼迫，我找不到任何其他保證成功的字彙了。

- 逼迫自己一早起來，參加通訊處的早會。
- 逼迫自己走出辦公室，走出冬暖夏涼的舒適環境。
- 逼迫自己迎向冬冷夏熱的街頭，迎向客戶。
- 逼迫自己不放過任何的學習機會、進修課程。
- 逼迫自己晚上靜下心來讀書，精通所有武林高手的不世絕學。

04 成交凌駕一切

銷售於無形，成交於有形

從why this到why you，現在是關鍵的why now！為什麼一定要現在簽約給錢生效呢？殺手鐧是什麼？人性！掌握人性即掌握成交的關鍵！

人性是喜歡適時提拔別人的，人性是喜歡錦上添花甚於雪中送炭的，人性是希望你永遠要記得我，除了得到保單的利益外，你還欠我一份情。

保險的魅力在於困難

做為一個保險推銷員，你之所以能實現個人的目標，擁有高收入，為自己及家人創造美好的生活，都是因為這個行業是極端困難的。

銷售其他有形的商品項目時，或許客戶還樂於接見你，但人壽保險這個行業，連要見上客戶一面，都得要花費很大的功夫，更何況還要歷經漫漫長路去完成交易呢？正因為它是如此的困難，公司才願意付給我們高酬勞。

如果你能在這麼競爭激烈的市場中脫穎而出，而且善於成交、工作績效卓著，你就很可能成為行業中收入最高的人。

每天早上醒來，你要感恩這個地球上還有這麼困難的行業，它淘汰了所有拙於奮進的業務員，只剩下你堅守城池，揮淚前進，終有一天當你成為箇中高手，就能實現你所有的夢想。

其實，我們主要的工作就是「化敵為友」。客戶願意接見我們，完全是基於對於你這個人的禮貌或對產品本身一點點的好奇心。你必須清楚銷售的本質是先從客戶的疑慮開始，是由一名積極安排會面的業務員和一名不太熱中的準客戶，兩者所展開的一段銷售旅程。

準客戶也許會漫不經心，甚至是對我們展示的產品完全不感興趣，而這就是我們所從事的行業！

你的工作就是永遠保持熱情，讓客戶信任和喜歡你，最終願意和你達成交易，並建立長遠的情誼，不斷的幫你推薦購買及重複購買。

這就是我們的生存之道，我們要全力以赴，直到成為這個行業的佼佼者！

業務員的八大核心競爭力：

一、開發客戶的能力

完成交易是任何行業推銷員的壓軸好戲：你得到訂單，獲得合理的報酬，是拜訪流程的終點；客戶經過對你漫長的考驗，終於願意付出辛苦賺來的錢購買你費盡苦心推薦的產品，這是個起點，之後便是享受這個產品帶來的好處，以及你所承認長期優質的售受服務。

在銷售的終點，也許雙方都已經精疲力竭，就像任何兩方對峙的運動競賽一樣，但差別只在運動競賽永遠只有一個贏家，輸家付出慘烈的代價卻一無所獲。然而，人壽保險交易的完成，卻是雙贏的局面。客戶贏得保障與風險分擔，我們賺得業績、酬勞與客戶，以及對我們敬業精神的尊重，這就是我們選擇這個行業最重要的理由之一。

高爾夫球界的名言：「Driver for show, putter for money.」一號木桿開球是開幕秀，最終比數多寡則看你果嶺上的推桿功夫。因為三百碼開球是一桿，三呎推桿不進也是一桿。我們拜訪客戶的面談過程也是一場秀，你要秀得漂亮、秀得真切、秀得誠意十足，然後贏得觀眾（準客戶）的掌聲，最終在要保書上簽下名字，讓我們得到報酬。

成交的目標就像階梯一樣，從底層爬到最上層的祕訣只有一個——你必須踩過每一個階梯。你想達成任何一筆交易，就必須修完每一個階梯的學分。

若想要學會開發客戶的能力，就要明白準客戶名單是銷售程序輸送帶上最前端的原料，很多業務員終日無所事事，到處閒晃，差別就出在缺乏主顧名單；但準客戶不會從天上掉下來，是要用自己的勇氣、毅力去努力開發的。

三個準客戶來源分為：（一）緣故開發，本來就已經相識的親朋好友同事；（二）陌生開發，突擊式拜訪或任何一個場合時點出現的陌生人；（三）延伸開發，已經成交的客戶願意幫你介紹。

新人要從（一）、（二）開始著手。因為還沒到被客戶信賴的程度，他怎麼會幫你介紹呢？我強烈建議新進人員要有陌生開發的能力，把door-by-door突擊式的訪問當成是訓練被拒絕的一種方法，你的膽識與應變能力也會與時俱進。

突擊式陌生開發的另一個好處，是你可能會拜訪到許多意想不到的客戶，而這些原本不相識的人，也許會在日後你的發展上，給予你意想不到的幫助，我們稱之為「貴人」。其實，準客戶就在身邊，貴人也在身邊，不要錯過每一個可以開發的熟人。陌生開發幫助你培養出一些初期的客戶群，在經過一段時間的互動，如果他們可以這樣對你說：「如果是你的話，我願意幫你介紹。」真的能夠達到這個境界，你在人壽保險這個行業，便已經立於不敗之地了。

新人的最大通病是「熟人不願意開口；陌生人不敢開口」，公事包裡裝滿ＤＭ與名片，卻一張也發不出去。對於熟人，我的解方是「與其讓你自己夜夜輾轉反側，不如讓他夜不成眠。」何必讓自己一再躊躇要不要跟對方開口呢？你不開口，他怎麼知道你在做保險？又怎麼了解你的痛苦呢？親戚朋友沒有一定要跟你買保險的義務，但基於你對保險的認同，做為一個盡責的人壽保險推銷員，你連陌生人都在推銷了，為什麼反而不願意跟自己人開口呢？

還有些新人更好笑，一受完訓就跟主管表明：「我不做熟人，只做陌生人。」依照他錯誤觀念的公式，則如左圖所示：

1 熟人→不做

2 陌生人→3個月後→熟人→回到 1 →不做

心態上好像認為保險是騙人的行業——我不騙熟人，先騙陌生人。假如真是這樣的話，那麼第一天就可以離職了。成功銷售的起點在於有效的開發客戶，除非你的原料充足，否則你後續的銷售技巧都將毫無用武之地。開發新客戶的能力，決定了你將來業績的表現、在同事之間的排行、整個行業的地位，以及你追求成功的水平。你必須具備這樣的能力，否則一切的理想俱為空談！

二、在最短時間內，讓客戶信任與喜歡你的能力

人壽保險業賣的是無形的商品，屬於「人在產品前面」的銷售型態，我們和賣房子及車子的推銷員不同。

客戶進了汽車展示間，心中眼裡只有他看中的那部車，業務員長得怎麼樣、談吐如何都不是客戶最關心的事情，因為客戶是來買車，而不是買人。房屋銷售的現場也是如此，重要的是中意的那套房，誰來賣並不重要，我是來買房不是買人。

人壽保險則大不相同，客戶根本不喜歡買保險，客戶是先買你這個人，加上你不厭其煩訴說的保單利益。

推銷員〈魅力〉
+
產品〈人壽保單〉

＝完整的商品

成交前的地位，人壽保險業務員不如有形產品的推銷員，他們手中握著客戶想盡辦法要買到手的產品，他們的姿態可擺得老高；成交之後的地位則一夕翻轉，你成為客戶心中最重要的朋友，因為他把整個家庭經濟的防衛系統都託付給你了。

「你怎麼這麼久沒來了？」成為每次成交後當你去探視客戶，他對你的第一句問候。這類的問候語不僅傳達了你的重要性，同時也代表「你不可憑空消失」的殷殷期盼。

成功不會降臨在只賣產品的業務員身上，業務員更不可期待靠公司設計一個無敵

商品來橫掃市場，原因是各家產品大同小異，人壽保險更不是科技產品，不必奢望什麼性能的優異性。

所以，請謹記：在推銷產品之前，先推銷自己，了解客戶對你真正的評價。

除非你確認準客戶已經信任（或壓低層次：不懷疑）、喜歡（或壓低層次：不排斥）你，否則若逕行產品解說，只會碰到永遠的「我還在考慮」這個答案。其實，客戶的心中根本「從未考慮」要跟你進行交易，他的這番說詞只是不想讓你太難堪罷了。

讓客戶對你眼睛一亮，從不討厭你到接見你再到喜歡你，這樣的目標叫乍見之歡。

請從頭到腳修飾自己的儀容吧！臉上永遠掛著自信的微笑，舉手投足就是一位成功贏家的架式。即使客戶一再地以「太忙了」拒絕你，你也要從容應對，讓客戶心裡產生「真是個積極的年輕人，有機會跟他買保險應該不會錯吧」的想法。正所謂「伸手不打笑臉人」，這不僅是最簡單的說法，同時也是最有效方法。

讓客戶真正了解你想追求卓越的決心，並能深入淺出廣泛應和著客戶的興趣，這樣的目標叫作久處之樂。成交的關鍵永遠在於「先順著客戶的感覺走，再把客戶的感覺拉回來跟著你走」。

前者的含義是你必須先讓客戶打心底接納你。你可以不會打高爾夫，但不能不懂高爾夫；你可以不會打網球，但不可以不認識山普拉斯、費德勒、納達爾（Nadal）。如果你面對的是一個高爾夫或網球高手的準客戶。客戶不一定非買特定公司的產品，但會購買「信任與喜歡的業務員負責的商品」，請牢記這一點。

銷售流程裡的第二步驟（Approach和Pre-approach）講的就是這個意思，你在探討客戶的同時，相同的，客戶也在打量你。你要像日本推銷大王原一平一樣，在這個階段不斷進行輪盤話術，直到客戶的眼睛發亮為止。

你們心靈的接頭插到位了，用熱情、有趣、專業積極的態度，在最短的時間內跨過這個門檻——信任與喜歡你，並且往下推進。

三、透過問句了解客戶難題的能力

「沒有需求，就沒有銷售（No need, no sales）。」這是銷售的至理名言。問題是，生老病死是客戶最忌諱的話題，如果他壓根兒不相信你，為什麼要跟你談這些人生大事呢？再者，我們購買東西也不見得全跟需求有關。

相信你一定有過這種經驗：進大賣場或百貨公司之前，明明只想吹個冷氣或借個廁所，心裡還打定主意，今天一定不買東西；可是等到你出來後，手裡卻莫名其妙拎了兩大袋東西……由此可見，成交，絕大部分是感情用事。

儘管如此，你還是得在理性的這一端擺上砝碼。因為人壽保險不是繳了一次就結束的交易，第一年也許客戶是感情用事，但以後數年的續繳率，則完全在於你初始下的基本功——理性與邏輯。我們的產品是個解決工具，解決客戶經濟上的難題，所以一些針對客戶收入、資產、家庭成員的基本資訊，你必須全盤蒐集；而這些資訊的獲得，你可以在一次又一次的複訪中點滴累積。

客戶不是現行犯，我們更不是刑警，他沒有必要被審訊；更何況，他也沒有請我們過去，都是我們主動去拜訪他們的，你必須懂得禮貌與分寸。若是需要明著問，或者說多數時候是旁敲側擊時，可以加上這一句：「主顧先生（董事長、阿伯、阿桑……），我可以請教您一個問題嗎？」請牢記，對方的稱呼要仔細思考。

當你發問的時候，你就得到一個傾聽的機會。銷售機會來自聆聽，當客戶打開話匣子時，他講得愈多，你點頭微笑、專注聆聽，他就愈喜歡你，也愈相信你；然後就愈能接受你帶給他的訊息，並且漸漸開始考慮你的產品與服務。

傾聽會建立信任，最終帶來訂單；而你所要扮演的，就是一個最能問出問題、然後很認真傾聽客戶回答的業務員。

美國頂尖業務員班・費德文推銷術，他的銷售精髓是勇於對不感興趣的客戶提出

「尖銳性的問題」，並且讓客戶思考。

「我能請教您一個問題嗎？如果您不幸去世了，您的遺孀能夠穿得和您在世時一樣好嗎？」這種問題會讓準客戶去除冷漠，但臉色也會變得很難看。

也許你會說：「真要這樣問嗎？」但是，你不試怎麼知道效果如何？真被客戶趕出去了，下回再硬著頭皮回去，也許客戶之後反而會認真思考問題也說不定。

「董事長，上回那樣問您實在太唐突了。」

反正他已經表明自己有錢又健康，根本不需要人壽保險，你不兵行險著挑動他的神經，哪有機會翻盤呢？人壽保單的王牌是「不是有人會死，而是還有人要活下去。」你要懂得適時亮出王牌，扭轉戰局！

四、規劃建議書的能力

規劃建議書的能力，其實就是選擇產品的能力。現在的保險公司都把產品定型化了，並印製了各式各樣精美、彩色的DM，供業務員展示給準客戶看，就像所有速食店的點餐櫃台上，已經擺好了各種套餐的組合與價格，等著飢腸轆轆的客戶排隊依序而上，看著樣品上的圖片指手畫腳，很快地點完餐、付完錢、拿個號碼牌，然後就等食物出爐。

如果賣保單像賣速食這麼容易，那還需要業務員那麼辛苦拜訪客戶、傾力遊說嗎？又如果真是如此簡單，我們又怎麼能期待有很高的收入呢？

§

人生的經濟難題大致分為以下四大類：（一）Die too soon，走得太快，對應低保費高保額的終身險或保障型商品；（二）Living too long，活得太久。死太早不行，活太久，錢用完了也不行。對應高現金價值的養老險，通常保費較高，保額較低；（三）Become totally Disability，指的是失能殘障或重症。對應意外失能險，殘障給付附約；（四）Hospital Indemnity，對應疾病醫療險、長期看護、防癌險與重大疾病保險。

你不準備醫療保險，將來這筆錢還是得付出，差別只在於是你自己從存款裡給付，還是由保險公司幫你付而已。

尤其是現代人大多長壽，政府提供的醫療補助捉襟見肘，龐大的住院費用將奪去大部分人一輩子辛苦存下來的錢，還沒等到退休環遊世界，錢都進了醫院了，安享晚年成為空夢一場。

除此之外，我還常用賓士車的Logo來簡化產品的三大類：（一）愛心型；（二）享受型；（三）醫療型。

第一類愛心型，指的是死亡險，受益人為家屬，包括處理自己的喪葬費、遺產稅及未繳完的房貸、子女成長教育基金、遺族生活費等。

第二類享受型，強調的是指滿期給付。如果你奮鬥了一輩子，掙存了很多錢，那麼恭喜你；如果到老一貧如洗，正好補退休金之不足，有人說繳了一頭牛，領回一隻雞，還好還有一隻雞呢，而且是能下金蛋的雞。

第三類醫療型，則是您開完刀之後躺在病床上休息，你的主治醫生過來看你，檢視傷口，同時給你一疊帳單；你的至親好友到醫院探視你，帶給你鮮花水果，祝你早日康復；而人壽保險推銷員也許沒有水果鮮花，但他帶來繳納那疊帳單的理賠支票，讓你可以安心養病，以開朗的心情及早出院。

班・費德文推銷術的第二大部分就是「尋求解決之道」。第一部分是提出「尖銳性問題」刺激準客戶思考，決勝千里之外，在辦公桌前運籌帷幄；你必須仔細思量客戶的首要需求，然後對症下藥。

除非你確認客戶的難題所在，否則不要輕易出手。一般來說，三流的業務員經常會規劃兩、三種建議書給準客戶挑選。請問，您的主治醫生有開兩、三種藥方給您挑選嗎？請牢記，人壽保險員可以為客戶變更險種，但切忌數案並陳。

五、講解建議書特點和賣點的能力

每個業務員都會說明建議書的特點，只要依著上面的條款、數字，照本宣科即可；但是，講解建議書特點和賣點的能力是很重要的。

問題在於，當你陳述這些特點時，包括介紹你已在保險業做了若干年之久，或者你的公司已在台灣有若干年的歷史……這些都是你家的事，並不能引起客戶的興趣，或是激起他心裡的漣漪。

客戶只會為他的最大利益採取行動；換言之，客戶心裡只想知道：這到底對我有什麼好處？

所以，當你把產品的特點很快地介紹一遍之後，就要回到「解決問題的方案」，就是如何透過你的精心規劃，用這個產品的賣點引起客戶的真正興趣。

開發客戶的前半場，你用了三至五次的見面介紹自己，用來解決客戶心中的疑問：

・你到底是誰？再用數次的拜訪讓客戶明白：你在賣什麼商品。

• 久處之樂的目的為何？

• 你值得信任嗎？

• 這到底對我有什麼好處？

初訪時，客戶拿來打發業務員上路的回答通常是「保險，我已經買了」，或是「我已經買很多張了，各家保險公司都有。」

我最常應對的方法是，眼睛注視著他：「哦！真高興聽到你買了這麼多保險，可見你的保險觀念很好。但……問題解決了沒有？」

「問題解決？解決什麼問題，保險不就是那麼回事嗎？」通常準客戶會被我問得愣在那裡。

假設準客戶數張保單加總起來的保額總計五百萬，我會問他：「為什麼是五百萬，而不是六百萬或者七百萬，您已購買的五百萬保額能做些什麼？不足的一千萬保額，正是我今天來跟您談的主因。」

你要很明確的指出這張單子能帶給客戶的好處（賣點），只要認真地講解清楚，你所提出的每個數字和資訊，都必須和客戶能得到的利益緊密相連，讓他眼睛和心裡都發亮。

請記住，客戶只會對你規劃的建議書中能帶給他什麼好處感興趣，一旦客戶失去興趣，他會變得心不在焉，甚至開始盤算你什麼時候會離開，你離開之後他要做什麼事，而此時有些業務員卻還在滔滔不絕地陳述自以為是的產品特色。講解產品的機會一旦失去，也許你就再也約見不到他，他永遠在開會了。

想像你和客戶會談的桌上有一盞燈，如果你一味的暢談自己的產品、數字、滿期金，以及你的豐功偉業，你把自己變成主角，準客戶被冷落在陰影當中，他會慢慢失去興趣並且變得冷漠；聰明的業務員會調轉燈光投射在準客戶身上，告訴他這張建議書對他及家人有什麼好處，補足退休金醫療費用的不足，小孩的成長歷程及教育費用足堪大任……，這時準客戶成為會談的主角，他的身體可能會向前傾，微笑加點頭，你的銷售程序才能繼續往前推進。

業務員就是客戶背後的那盞燈，為他照亮愛自己和家人的路；而燈光的走向，決定了銷售成敗的走向。

六、處理反對問題的能力

燈光聚焦在客戶身上後，客戶開始認真思考業務員提出的解決方案。銷售的雙方充滿恐懼，我們害怕失去生意，而客戶害怕買錯人及買錯商品，他必須開始解決心中主要的兩個疑慮：

• 你講的都是真的嗎？
• 我為什麼要聽你的？

反對問題的處理不在於面紅耳赤的爭辯，不在於雙方針鋒相對、下不了台，而在趨向一致的論點，讓同理心發揮到極致，贏得成交。客戶為了自身的利益，對推銷員充滿疑慮是情有可原的，更何況在他一生中，也許曾有多次不愉快的購買經驗。

所以你必須認清，儘管你誠意踏實、值得信賴，客戶永遠會抱持懷疑的態度，他心裡揮之不去的想法是：「你當然說得天花亂墜囉！推銷員嘛！為了業績，什麼話都說得出來。你說的話裡面有幾分是真實的？我可不能再受騙上當了。」

然則，反對問題的提出是好的，代表客戶對購買產生興趣。即使他尚未對你及產品擁有百分之百的信任，但至少踏出了「信任你」的第一步。最重要的是，你要如何駕這一葉扁舟，飛越萬重山。

「嫌貨才是買貨人」，這個道理人人皆懂。準客戶因為想「買」，所以才要「嫌」東嫌西，反覆推敲，察看你的眼神，以確定他買到貨真價實、物超所值的理想產品。因此，有了這層認知，業務員在處理反對疑義時，態度一定要保持輕鬆自然，友善而冷靜，因為它是過度到品嘗成交果實前的一道考驗。

接下來，我要談的是一個很重要的觀念，你必須區分「反對問題」和「限制問題」的差別。所謂反對問題，是指有一個合理的解決方式，解決完畢，趨向於成交；限制問題則根本無解，它是客戶無法購買你的產品或服務的真正理由，你必須接受這個事實，我們不能全勝。

前者談的是，如果客戶無法一次年繳保費十二萬元，你可建議他改為月繳一萬，讓他輕鬆的簽約；而後者談的是，客戶根本連每月一萬元都付不出來。

或許在開發客戶、篩選A級⑨準客戶時，你就應該避免在最終決戰時出現「限制型問題」，逆轉整個銷售布局，以致全盤皆輸。

最常發生的情況之一是，新人一直和客戶訪談，客戶先生呈現出最大的誠意和興趣，銷售員也一路深陷其中，雙方都浪費了寶貴的時間，但原因出在決策者是太太，而銷售員卻始終無法接觸到她。

「準客戶先生，除了您剛剛提出的這個問題之外，還有沒有其他的問題？」

「是不是回答了您剛剛提出的這個問題之後，我們就可以簽約了？」

⑨四個A：Approach/Ability/Acceptable/Authority。

這是我在釐清客戶提出的問題是否「趨向於成交」，或僅僅是「隨便問問」，最常用的反問句。

當客戶一問完後聽到我這麼說，如果是後者的話，他會很不好意思，甚至搔搔頭說：「我的意思是……真正的問題是……」然後，阻礙成功銷售的藏鏡人終於現身了。

狹路相逢，勇者勝。業務員必需勇於和反對問題決戰，決戰不是要趾高氣昂，而是經由耐心和效力緩緩導向於成功的銷售。

成功的締結所遭受的反對問題像炮火一樣猛烈，有時候客戶的嚴厲批評和吹毛求疵的態度簡直讓我們無法忍受，彷彿我們所提議的產品根本一文不值！但這些表現，也許是準客戶對你成交之前的最後考驗，有時候我會稱之為「垂死的掙扎」。

當然，這沒有任何一絲一毫不敬的成份，所有的敬意，都在完成人壽保單的mission中呈現！

七、要求成交的能力

「要求」一詞，顧名思義，「要」就得「求」。

你不求客戶，難道幻想客戶來求你嗎？你必須承認，人壽保險就是求人的行業，求人有什麼不好，求人讓我們更高尚！不是只有我們這個行業得求人。

中石在《求人兵法》一書提到：「萬事不求人是自誇的大話；事事皆求人是無可奈何的現實。」

空手如何入白刃？空手如何闖江湖？

事實上，仔細探究社會上每一個成功人士的背後，幾乎都有貴人撐托著，意思是成功是靠一群人幫忙起來的，就連犯罪集團也是成群結夥。

在競爭激烈的社會上求生存，先不談成功了，光是想到辦事不求人幾乎是不可能的事，求人者生，不求人者亡，到處碰壁，諸事不順。你愈早領悟這個道理，就愈早能掙脫困境、生存而成功。

§

二〇一〇年七月，我應邀到蘇州參加第七屆中國保險菁英圓桌大會，受到主席丁慶年先生熱誠接待，給每一位蒞會嘉賓厚厚的一疊資料。在素負盛名的南園賓館房間內，我隨手翻閱雜誌，看到一本剛創刊的《保險生活》，裡面的幾篇文章很有意思，其中有一篇題目〈絕不做保險〉，談的是增員的對話，提供參考如下：

乙（準增員對象）：「我聽說做保險是個求人的事，我可抹不開這個面子！」

甲（主管）回答得真好：「這話讓你說對了，做保險還真是個『求人』的事，但也是個『救人』的事。當你抱著『救人』心態去求人時，你就會感覺你做的事業有多麼崇高。況且，這個世上不求助他人，就能把自己推銷出去的事業，還真不好找。」

成功者的思路都是一致的，真理只有一條，不容模糊！

為了「救人」去求人，多可貴的思想啊！

求人讓我們更高尚，多少年後，當客戶面臨理賠情況時，他就會回想，要不是當年你這個年輕人能屈能伸，百折不撓，百般刁難難不倒你，怎會有今日的風險分擔呢？客戶的心裡，其實是萬分感謝我們的！

消防隊員到火場，在最短的時間內搶進火場「救人」，火勢愈大，他們衝得愈快。

試問，你有看過消防隊員因為火勢太大中途落跑的嗎？

因為他們明白「有形的火」可以要人命；而我們看到的是「無形的風險」，照樣可以讓一家人經濟崩塌。

為了救人，偉大的消防隊員連自己的命都可以不要了，我們人壽保險推銷員的一點面子又算什麼呢？犧牲一點點個人的尊嚴去換取客戶身後的大愛，此之謂「偉大的人壽保險推銷員」！

想要延伸客戶，大概可分為《求人兵法》的四個修練進行：（一）肯求人；（二）善求人；（三）廣求人；（四）求對人。

（一）肯求人：難不難？很難也很容易，看你能不能先過自己這一關？上面鋪陳了這麼多，你相信了，就一點都不難了。

（二）善求人：即是積極的求、愉快的求、有禮貌的求、有所期待的求。試想一下，當一個人雙眼緊盯著你，殷殷期盼，態度又那麼謙恭有禮，一求再求，你能不感動嗎？

（三）廣求人：強調的是求助不同的人和不同的事。要求客戶給你會面的時間；要求客戶告訴你真正拒絕的理由，要求客戶幫你介紹新客戶；要求客戶給你足夠的資訊。

（四）求對人：則是最困難，且最有學問的。要清楚對方是不是決策者，否則徒勞無功，賠了夫人又折兵。如果真的求錯人，回到前兩則，請求對方告知你誰能當家作主。

你既然是一個推銷員，你在賣東西，你就是一個生意人。

俗諺說：「生意囝仔，歹生。」意思是說，會做生意的小孩，難栽培！比讀書，你學士，他碩士；他碩士，你博士；你博士，他雙博士、超博士、博士博……沒完沒了，讀了那麼高的學位，最後還不是為人所用，為什麼不把心一橫，膽子一壯，出來社會車拚呢？

人際關係的人情冷暖、應對進退是最難的，學校也不會教的，也無從教起。當一名生意人有三個要素：嘴甜、脖子軟、腳骨力。現代的年輕人講話也不會講，出口就傷人，更別提嘴甜的功夫了；脖子更是硬邦邦的，書讀愈高身段愈放不下；勤快已經是最基本的要求了。

推銷員的「專業」，不僅僅是你懂了多少專業知識，而是你是否精通了「我為人人，人人為我」的求人成交心法。

八、延伸客戶的能力

談到開發客戶，建立第一批客戶最辛苦。就像蓋高樓大廈，一定要先挖地基，地上物七十層要兩年，地下物七層也要花掉兩年的時間。

有了第一批客戶，如果你服務得好，建立起口碑，後續拓展出來的客戶就可以源源不絕，如泉水般不間斷的湧出。

做業務切不可打帶跑（Hit and run），否則永遠處在開發陌生客戶的第一階段，辛苦又不明智。因此，我的觀念是：沒有售後服務，只有永遠的售前服務。

售後服務的意思是這個客戶到此為止，但是成交是re-open，把客戶的心靈打開了，同時打開他原本的人脈鏈為你所用。

如果你也能抱著永遠是售前服務的心態，必能認真踏實的做好服務工作，服務不單只是客戶召喚你時才提供，你還得深思熟慮客戶沒有想到的；也就是說，服務要做到「超乎客戶的需求」，才能感動客戶，讓客戶一輩子死心塌地的跟著你。

優質服務的第一個好處是，別的業務員不會輕易攻破你辛苦建立起來的灘頭堡；第二個好處則是培養他成為你的業務來源中心（Center of influence）。

§

綜合歸納將服務區分為ABCD四項原則：（一）售後服務；（二）售前服務；（三）諮詢服務；（四）偵測服務。

第一個原則指的是售後服務（After service），像是保單的郵寄提醒，生日卡和蛋糕、契約變更……以及所有你能想到的私人服務。請牢記，這些都是秉持「永遠的售前服務」的精神去熱情達成。

第二個原則售前服務（Before service），用在未成交之前所提供的所有動作，包括製作建議書、書信、身體檢查等。

第三個原則諮詢服務（Consult service），則是強調你能透過自己的人脈網絡，解決客戶各式各樣的疑難雜症，或者是保單的最新資訊。

第四個原則偵測服務（Detect service），就是俗稱「保單健診」。診斷準客戶或已成交客戶向別家公司業務員所購買的保單合約條款（Policy Benefit）。

千萬不能誤導客戶將其他家保險的保單解約，改換成你的新約。傷害客戶的利益，不是一個偉大的人壽保險推銷員所應為！

重複購買與推薦購買

一流推銷員的新業績，有六成以上來自老客戶的重複購買與推薦購買。如果你能在熊的身上拔下一根毛，你就應該把牠全身的毛拔光。

「你的過去我來不及參與，你的未來我要全部擁有。」這句話不只是情愛的對話，更應該是卓越推銷員的自我激勵喊話。

二流的推銷員收了客戶的第一筆保費後，往往覺得很滿足了，從此揚長而去。殊不知，第一筆生意往往是客戶對你的try order，一個試金石的小訂單，你如果就此打住，實在太可惜了！

客戶正睜大眼睛觀察你後續的表現，研判你是否可託付重責大任。別忘了，保險是mission的付託，是要將全家一輩子的保障全部交付給你呢！

一位滿意的客戶會帶來無限的生意！

客戶走了一段長遠的心靈之路，才下定決心願意跟你做生意，代表你已初步贏得了他的信任與認同；你的行動是不斷加深他對你的信任，直到有一天，他願意替你介紹生意為止。

事實上，我們可以這樣斷言，不曾有客戶「推薦購買」訂單的業務員，在人格上或贏得客戶信任的服務深度上，是不及格的。

請牢牢抓住已成交的客戶，他會給你帶來難以想像的輝煌業績，助你扶搖直上。成交之前可以要求客戶介紹，不成交的客戶也可以要求他幫你介紹客戶，已成交的客戶更應該要求他為你介紹客戶。

因此，「讓準客戶名單滿檔」是你最重要的課題，將這個思想植入你的靈魂深處，不可須臾或忘。

不是這個行業能不能做，而是你有沒有能力去做！這個行業從來不曾容易過，未來也只會愈來愈競爭，就看你具備多少核心競爭力以求得生存，出類拔萃！

請參考下頁的「業務員自我評鑑表」，做為評估自己的銷售能力檢測。

業務員自我評鑑表

學分	項目	項目			程度
必修	1. 開發客戶的能力	初	中	高	雙贏
	2. 很快建立客戶信任及喜歡的能力	初	中	高	
	3. 透過聊天瞭解客戶經濟上的難題	初	中	高	
	4. 設計規劃建議書的能力	初	中	高	
	5. 講解建議書特點及賣點的能力	初	中	高	
	6. 處理反對問題的能力	初	中	高	
	7. 要求成交的能力	初	中	高	
	8. 延伸客戶的能力	初	中	高	
選修	1. 人際關係（對上．對下．平輩）	初	中	高	
	2. 行動力	初	中	高	
	3. 自律的精神	初	中	高	
	4. 服裝儀容	初	中	高	
期末考	1. 沒人自己做				
	2. 有人大家做				

客戶購買的四個滿足點

客戶購買的滿足點，通常來自四個方面：（一）功能上的滿足感（Functional satisfaction）；（二）情感上的滿足感（Emotional satisfaction）；（三）參與上的滿足感（Participating satisfaction）；（四）身分上的滿足感（Symbolic satisfaction）。

（一）功能上的滿足感：一般而言，客戶願意掏出他辛苦賺來的錢購買任何一樣產品，首先一定是得滿足他某種需求；換言之，或者解決某項難題，也就是增加一些什麼或者減少、降低一些什麼。

例如：到麥當勞買一份大麥克漢堡是為了解決飢餓感，卻在此時突然下起一陣傾盆大雨，於是到騎樓路邊攤買一支雨傘是為了應急避免被淋濕；天氣變冷了，感覺一陣涼意襲身，擔心受了風寒可承擔不起，臨時起意轉去店家佐丹奴買一件外套；換一台新型印表機是為了更省錢的墨水耗材……這些都是顯而易見的購買行為，有形產品的銷售往往非常容易。

但是，人壽保單的銷售就沒這麼單純且容易了。功能上的滿足點充其量只是一個啟動點，但也是必備的；請記住，是必要條件而非充分條件！

保單的規劃當然需要針對準客戶的需求，是增加退休金增加保額（Face

amount），還是增添醫療給付以減少住院時的損失，你都必須在辦公桌前細細思量。這是在客戶理性思考的層面上打下深厚的根基，主要的理由在於避免因衝動或感情因素的成交，之後他日的反悔。

許多業務員都曾遭遇客戶的契約撤回請求權，或是隔年拒絕續繳的問題，不管是前者還是後者，都造成了業務員實質上或精神上的損失，無可彌補。

功能上的滿足點談的是why this。客戶為什麼要購買這張保單？解決了這個層次後，只是在成交的路上上了一壘，客戶還沒下訂單。

§

（二）情感上的滿足感：產品規劃好，跟客戶解說清楚了，客戶相當滿意，認同了你的計畫書，確認「why this」，要買就買這個保險組合。但接下來，同樣的保單，市場上有不同的公司，每份保單大同小異，保險並不像科技產品有獨創的發明、獨家首賣，即便同樣的公司也有其他業務員；在南山，你得跟其他三萬競爭哪！為什麼一定非得跟你買呢？Why you?

你一定也有這種經驗，明明準客戶聽完你的講解建議書後，非常滿意的摸摸下巴，微笑點頭，甚至「應業務員要求」先簽了要保書，同時約好明天早上或下午幾點收取保費，臨去依依還再三確認。業務員滿心歡喜的回去等待明天的豐收，結果呢？

結果是別人歡呼收割，你獨自垂淚。你辛苦挖井，喝水的是別人。仁慈一點的客戶不會明白告訴你，他會在跟你約定的早一些時間主動打電話給你。

「林仔，真歹勢，你那個單了我考慮了一夜，還是暫緩吧！以後有需要，一定跟你買。歹勢！歹勢！」

資深的業務員心裡很雪亮，客戶在約定收款前，「主動」打電話給你絕非好事，這類安慰我們「將來一定會跟我們買」的話，只是給我們一個台階下；事實上，訂單早被簽走了。

假設你想要添購一台Sony 42吋BRAVIA的液晶電視，你家樓下就有一家全國電子，你跑了好幾趟確認型號和價格，也覺得店長的服務親切誠懇，心中盤算個八、九分決定要跟他買了；結果忽然想起一位好朋友好像在台中開電器行，翻遍電話簿終於聯絡上他，經不起他的懇求而改為向他捧場；結果你人在台北，卻從台中買了一台電視回來。

這種狀況一點都不奇怪。當初我向台中泛德經銷商買了一台BMW 728i，原因無他，因為是好友周偉（結婚伴郎）的死黨林子民（現任BMW全省業務協理）聽到風聲，親自北上套交情而完成這筆生意，害我對原本的汽車業務員一直心存愧疚。

假設你家樓下對門有一間水果攤，雖然老闆成天堆著制式的生意人笑臉，卻始終缺乏熱情招呼客人；橫過一條街去另有一歐巴桑的攤，每次你經過總會聽到：「欸！少年仔，水梨當季，來，吃一個；芒果很甜，拿去吃，不買沒關係啦！」這類的招呼語，總是充滿熱情叫你吃這吃那，日子一久，你不跟她買水果都不行。

由此可見，**成交的關鍵不在地點遠近，而在於心的距離；要鎖住訂單，就得鎖住準客戶的情感——人勤跑加上人情保等於成交。**

試問，除了積極，我們還擁有什麼？儘管客戶每次都絕情的拒絕你，但你還是抖擻精神、面帶笑容的持續拜訪。外面下著雨，心裡下著雪，但你每一次的積極拜訪都會在客戶的心田劃下人情的記憶。儘管他冷若冰霜，嘴上兀自倔強，但內心深處已經微微動搖，產生微小的心理負擔。當這種微小的心理負擔不斷累積，欠你人情債的感覺不斷擴大，到最後客戶只能讓步。

「再不跟你買，就對不起你了。」

準客戶已經決定跟你買了，你上了二壘（占據心靈），滑進三壘（剷除異己）；但別高興得太早，客戶是決定了跟你買，至於什麼時候簽約給錢，還遙遙無期！

§

（三）參與上的滿足感：說是遙遙無期一點都不誇張。人壽保險的銷售之所以困難，因為它不在於解決人們當下的需求，它是一種遠見，防患於未然。既然是防患未來，今天不買，明天買還來得及；即便明天不買，後天也來得及吧；或者，明年再買也不遲啊！反正，我總不至於那麼倒楣，馬上就要大禍臨頭吧？

客戶心裡這樣思索也不是全無道理，畢竟，錢要花在刀口上，眼下裡馬上要支付的錢還很多哩！至於保險，是有需要，也該買一張了，但，不急嘛！這個「不急」是所有反對問題裡最難處理的，「溫柔的恐嚇」是方法之一。

「主顧先生，明天跟意外，不曉得哪一個先到呢？」

「您既然決定購買，就讓這張單子即時生效吧！孔夫子都不收隔夜帖，我們可以做遺憾的事，卻萬萬不能因為沒做而將來後悔呢！」

當女性業務員使用「溫柔的恐嚇」這樣娓娓道來，寓理性於感情中，希望喚起客戶的急迫感；但是這樣的溫柔勸說緩不濟急，案子很可能一天拖過一天，最後無疾而終，成了空中樓閣。

客戶也常常跟我說：「林裕盛啊！沒問題啦！要買我一定跟你買，你放心，等過完年，領到年終獎金，我就有預算啦！」

過完年後，當你滿懷期待的去找他，得到的答案是：「你來遲了一步，年終獎金就那麼一點點，一到手就分完了。這樣吧！等端午節有半個月分紅……」

然後是等中秋節，再來是明年的年終獎金……客戶永遠在你前面吊一塊扣肉，近在眼前，你卻永遠吃不到。後來我學乖了，某次和客戶撂下狠話：「董事長，您過完年不用買，端午節和中秋節都不用買，您去算命好了，等算命的說您明天要走了，今天再來買還來得及！」

這當然是氣話，但更是事實，只看見客戶睜大了眼看我。但是，業務員雖贏回了氣勢卻輸掉了生意，不是嗎？

§

從why this到why you，現在是關鍵的why now！為什麼一定要現在簽約、給錢生效呢？殺手鐧是什麼？答案是人性，掌握人性即掌握成交的關鍵。人性是喜歡適時提拔別人的，人性是喜歡錦上添花甚於雪中送炭的，人性是希望你永遠要記得我，人性是除了得到保單的利益外，你還欠我一份情。

銷售百分之九十八來自於人性。你在產品的戰場上永遠打不過客戶。拒絕有千萬個理由，成交只有一個；要懂得及時回到「情感」的主戰場，客戶就無處可逃。

所謂參與上的滿足感，就是情感真摯的向客戶告白：「主顧先生，我很想在這個行業成功，將來也勢必會成功，可否在這個『關鍵時刻』，請您拉我一把？」

這裡提到的關鍵時刻指的是：一堵榮譽的牆。任何競賽的連續榮譽榜都可以。一旦你沒有退路，業績中斷則榮譽中斷，那時就只能往前衝了。

- Why this：產品的認同。
- Why you：業務員人格的認同。
- Why now：購買時機的認同。

（業務員值得提拔）

- Why indendify you：

身分上的滿足感指的是業務員品牌，表現卓越vs.長期經營的認同。

「主顧先生，董事長，老實說，您已經這般成功，保險也買很多了，您或許真的不需要這張保單，但我真的很需要這份業績。」

「我們初相識，情感還扎的不夠，我實在找不出您跟我下單的理由，唯一的可能是，您覺得我這年輕人值得拉一把吧！」

這樣的「求人兵法」你講得出口嗎？說到底，客戶真的不需要這張保單帶給他的好處嗎？其實他心裡雪亮得很，保險當然有好處，受益人全是他的家人。他只是不急，等待你開口求他，給他一個立刻向你下單的台階罷了。

讓客戶參與你的成功，分享你的榮譽，到有一天你終於站上頒獎台，首先就得感謝客戶的支持；然後，客戶也會得意的告訴朋友：「當年那小子跑來找我幫忙時，我一眼就看出他將來絕非池中之物，一定會成功！」

§

透過保險的銷售，照耀出了人性的光輝。

（四）身分上的滿足感：如果你已經奔回本壘得分了，接下來要懂得乘勝追擊，擴大成功，見林又見樹。有形商品的競爭最直截了當的對決，即是「品牌的認同與忠誠」，最明顯的例子莫過於蘋果迷！即使到了最新一代i Phone 4據聞收訊不良，但它的銷量依舊屢創佳績，蘋果的股價更是一路長紅，不受影響。

i Phone 一代、二代甫推出的時候，我一直無動於衷，後來看到周遭的人們幾乎人手一支，打球時跟新朋友尬組，他們也是人手一支，接電話時手指一劃，挺神氣的。我的老長官徐水俊[10]從上海回來，和我碰面用餐時聊到：「裕盛啊！i Phone 4真的很好用，你也趕快去買一支啊。」使得我只好在 i Phone 三代（3GS）上市前趕緊去預購，不買實在是不行了，莫法度跟人比評！品牌搞成這樣，蘋果不發都難啊！

無形的金融也可以訴諸公司品牌，但那只是冰山一角；冰山下面的一大塊，是業務員自身經營出來的品牌認同度。保險是後發先至的行業，你一旦決心投入，就必須誠誠懇懇的經營你的客戶群，根據統計，一個新人可以在七年的時間內，在社會上建立你的聲譽，在客戶間口耳相傳。

以前我讀建中時，紅樓二樓樓梯口正面校徽兩旁，有兩行字一直深烙我心：「今日你以建中為榮；明日建中以你為榮」現在的建中，可以很多的校友為榮了，馬英九總統當然是其中佼佼者了。民國七十一年，我剛進南山人壽時，當時南山在都會區的外商公司中已建立起它的聲譽，我就以「今日我以南山為榮；明日南山以我為榮」，當作自己行事奮鬥的目標。多少年過去了，當時的職志不斷鞭策我一路向前，總算不辜負南山的栽培。

賓士車有這樣的一支廣告：一位高階經理人從地下室停好車，鏡頭在車前橫仰掃視一番，他搭電梯進辦公室，一群人拍手歡呼為他慶生，但他呆坐在蛋糕前，托著下巴久久不語，一直許不出願望。然後，畫面出現四個大字——「夫復何求」。這支廣告真是經典啊！擁有一部賓士車，人生夫復何求？擁有「你」賣給客戶的一張賓士級保單，是否也能帶給客戶一樣的喟嘆呢？所以說，身分上的參與感最終的演繹為：「今日你以客戶為榮；明日客戶以你為榮。」當客戶想到保險時的第一時間一定想到你，雖然想到你時不一定是購買保險。假如能做到這一點的話，你已經過了初期辛苦的泥濘路，而上了奔馳前進的高速公路了。所謂「苦盡甘來」，真如是。

成交八法：

一、坦克車法

高明主管有如一台坦克車，坦克車法是我的客戶呂偉嵐發想的。

---

⑩徐水俊，現任職於南山人壽首席執行副總。

「偉嵐，你的信用卡到期日是不是變了，續繳保費刷不過耶！你人現在不在台灣，撥你台灣手機不通，我才撥這支大陸手機找你。」

「是啊！我現在杭州，來這邊蹲點。」

「去杭州比賽啊？」偉嵐是職業高球手，弟弟是赫赫有名的高爾夫選手呂偉智。

「沒有啦！我現在富春山居高球場當球場總監。」

「哇！富春山居，很貴呢！打一場球要兩千多元人民幣，真是踏破鐵鞋無覓處。下個月我要去杭州華泰人壽演講，他們的謝總要招待我打場球，我指名你們的球場，但打聽了一下實在太貴了。這可好了，偉嵐，想辦法幫我們弄便宜點嘛！」

「哎呀！你們有錢人多付一點有什麼關係呢？我開玩笑的啦！沒問題，我幫你搞定。」就這樣，圓了我和謝總打最牛的富春山居球場的夢。

§

那一天打完球後，偉嵐還送了我們一人一條Titleist ProV1x的球場紀念球。謝總很開心，當晚設宴招待我和偉嵐，偉嵐也開心啊，他鄉遇故知，小酌三杯後，話匣子就打開了。

「你們兩個怎麼認識的？怎會跟林兄買保險呢？」謝總問道。

「是一位也是打高爾夫的客戶介紹的。至於怎麼成交的……」我正遲疑著如何說。

「我來說好了，」偉嵐接口，「那一天，林兄請我們夫妻吃飯，吃完晚飯，還帶我們去台北的遠東大飯店三十八樓薈萃廊看夜景，那裡氣氛很棒的。喝著聊著……裕盛兄就拿出要保書，像坦克車一樣壓上來了，我連一點拒絕的機會和反應都沒有，就買了。」

「像坦克車一樣？」我和謝總同時出聲。

「對啊！人情壓上來，像坦克車一樣，躲都沒地方躲！」謝總和我都笑翻了。「這就叫坦克車成交法囉！」謝總下了總結。

我舉杯向偉嵐致謝，說道：「攏是恁尪仔某(夫妻)抹棄嫌啦！」

二、長期耕耘法

「Jerry，你不要跟我談保險哦！我沒啥興趣。」

每次去拜訪兩位老客戶大、小李董，其中一位大股東阿棋碰到我，就會跟我講一遍，幾乎是見一次提一次。我早就知道他的保險觀念不佳，提都沒跟他提，幹嘛老衝著我耳提面命呢？不會是氣我根本漠視他的存在，假拒絕真喚醒我的注意吧！也好，看我怎麼收拾你。(哈哈，賣保險的，怎會有如此邪惡的心思呢？)

旁敲側擊下得知阿棋其實很孝順，每年國慶放煙火，他都會包下淡水河邊豪景酒店、面河最佳景觀的大套房，給他爸爸觀賞煙火。我透過他的秘書得知老人家的生日，第一年生日前夕，我到名士館西服買了一塊義大利名牌Zegna的布料——藏青色，尊貴穩重——並包裝好送到阿棋面前。

「阿棋，明天是您父親七十大壽，我特別挑了這塊布料送給他，隨喜一番，請笑納。」

「哎呀！人家Jerry是送給你阿爸的，又不是送給你，收下吧！」阿棋愣在那裡，收也不是，不收也不是。我的客戶李董在旁幫腔，阿棋這才笑笑接受，臉上擠出一絲微笑。

「Jerry，多謝啦！」

隔一年，老人家生日前夕，我又站在阿棋面前，「陳董，時間過得好快，您父親的生日又到了，這是我到SOGO精心挑選的Dunhill領帶，花色剛好搭配去年的那套西裝，一點小心意，請笑納。」

阿棋又硬生生收下，臉上的笑容比去年燦爛許多。過了半年，他老婆的生日到了，我再度走進他辦公室。

「陳董，您日理萬機，我幫尊夫人挑了一瓶香奈兒五號的香水，已經包裝好了，我怕您忙沒時間去買，就當作您送的好了。記住，是香奈兒五號。」我說完話的時候，阿棋的臉上布滿笑容，像六月的茉莉般盛開。

過了兩個星期，我再度到公司探望兩位李董，阿棋的祕書過來叫我過去，說是阿棋找我，兩位李董向我使眼色，叫我趕快過去。

「Jerry，」阿棋迎上來，「喔！做你的朋友真痛苦，他們兩個是保多少啊！你就弄一張跟他們一樣的保單吧；再不買，我都給他們罵死了，也對你不能交待！」

「不能比他們多一些預算嗎？他倆說你的行情比他們好呢！」

「去他們的，就一樣多。」

阿棋臉紅脖子粗。我們四個笑成一團……

三、投桃報李法

傍晚六點，看丁主任拜訪客戶回來，我一把叫他進我辦公室，把門帶上，關上燈。

「阿丁，到我房間來一下。」

「經理大人，您要幹嘛？」他一臉狐疑。

「不要吵，來，看我的手腕。」

原來我剛買了一支CASIO（G-Shock）航空飛行太陽能玫瑰金框錶，要刻意秀一點特異功能給他瞧瞧。一室的黑暗中，我把左手腕向內翻轉三十度，錶面自動發出橘色亮光，將仿飛機儀表板精緻的畫面呈現得一清二楚。

「咦！經理，這是什麼錶，這麼屌？」

「哈哈！高貴不貴、多重功能：電波校正、太陽能電力系統、世界時間二十九個時區、五組獨立鬧鐘、全自動月曆到二〇九九年……現在戴手錶如果只有計時功能，就太遜咖了！」

我洋洋得意的一口氣說完，阿丁把玩著玫瑰金面橡膠腕帶，看起來愛不釋手。我之所以會買這支錶，是因為有一回兒子掉了手錶：

「Andy，怎麼沒帶手錶呢？」

「前一陣子不知道掉哪去了，應該是練舞時不小心掉的吧！」

「那，怎麼不告訴爸呢？」

「不好意思。」

「哎呀！走走走，你陪爸到日湖百貨去，爸再買一隻給你。」老爸疼兒子，天經地義。

到了日湖七樓，是Casio專櫃。

「先生，看錶啊！」

「兒子錶掉了，是Casio經典款，妳幫忙找找。」

專櫃小姐姓梁，臉上堆滿笑容，「您兒子啊！這麼大了，我也有兩個兒子，讀大學要畢業了。」

「喔！」我眉毛一挑，一樣的組合。

「妳也這麼好命啊！」

結帳時的金額是兩千多元，我心想怎麼會有這麼便宜的手錶，不僅耐用、功能又多，於是開始對Casio、G-Shock、Baby-G、EDIFICE的各式錶款深感興趣，平日戴著運動或上班，另外一種品味，也沒有心理負擔。

阿丁看了喜歡，當然託我跟小梁買了一支，每天上班揮舞著手腕；然後我陸陸續續跟小梁總共買超過十支：兩個弟弟各一隻，三弟兩個女兒各一支Baby-G，另外買了數支專送給戴名錶的客戶，打開他們的視窗，占據他們的手腕，更占據他們的心靈；自己則留下兩隻輪流戴：一隻跟阿丁一樣，腕帶提升一級到鍊帶；另一隻錶身全黑，EDIFICE視覺３D科幻賽車面板，超酷炫，好像明星郭品超也有一支在《蘋果日報》亮過相。聽小梁說，現在大缺貨，買不到了。然後我把以前買的什麼AP、P.P.、

Piaget、勞力士金錶全鎖到保管箱去了，場面需要時，再拿出來透透風。

「大哥，你有一陣子沒再跟我交關了哦！」才兩個禮拜沒去拜訪她，便聽到小梁這樣說。

我笑著對她說：「小梁，現在應該是輪到妳表現的時候了」。

「是嘛，我以為你不做保險了，怎麼都不開口跟我要業績？」

「時候未到嘛！現在不是來了嗎？喏！就這一張，終身醫療加防癌，跟Casio手錶一樣，物超所值。」我將要保書往小梁面前一遞，她爽快的簽了。

由此可見，當你給客戶他想要的，他就會給你你想要的。正所謂有來有往，謂之生意；來而不往，非禮也。

四、欲擒故縱法

真正打動人心的，並不是你在客戶面前滔滔不絕講了些什麼，而是業務員離開以後，其背影在客戶心中留下些什麼，讓他再三咀嚼。你有沒有想過，當你每次拜訪過後，離開客戶時，客戶望著你的背影，會有什麼想法？

要求成交當日，你力戰三百回合，還是無法完成任務，承認失敗後，收拾公事包離去，客戶再看一眼你疲憊的背影逐漸模糊，他會思念你的捲土重來嗎？在他那樣無情的打擊我們之後。

會的，答案是肯定的！

如果我們是一個熱誠敬業、勤奮不懈的業務員，當然不會就此放棄，但也不要太快回去複訪，讓客戶靜靜去思索這幾個月來，眼前這名業務員是如何想幫助他，以及為他全家人構築一份周全的保障。

「沒有錯，他當然是為了業績，為了收入，才一而再、再而三的來煩我啊！」在你離去一個禮拜之後，客戶的心裡開始有這樣的聲音。

「業務員不就是為了賺錢，跟誰買還不都一樣。」

兩個星期都沒看見你的複訪，客戶還是一樣鐵齒。

「其實這個年輕人也有可取之處，拜訪這麼久，產品也很認真規劃啊！真要給別人業績，還是應該還給他一個公道！」

在你離開三個星期之後，客戶可能開始有點後悔，有時候會不期然的望望街角，是不是那輛熟悉的摩托車回來了。

在奮戰了三個月、離開十八天之後，我又回到龍江路民生東路口某棟大樓的二樓，複訪陌生開發做印刷的陳老闆。

「哈囉！陳董仔！」我親熱的稱呼他。

「哎呀！死林裕盛，什麼風啊又把你吹回來了，這一陣子你都死到哪裡去了？」

陳董仔比我想像的更熱切的招呼我。

「哪有啊！你又不跟我買，只好到別處討生意去了。」

「我哪有不跟你買啊！」陳董仔急了，「來來來，坐，我泡一壺好茶給你喝，是我結拜的那個、跟你同姓的剛送我的，什麼東方美人茶，很清香的。」

我坐在辦公室旁的茶几旁，這個位子很熟悉，我前三個月幾乎天天坐，陪陳董仔天南地北的聊，他公司上上下下都知道我這個黏人的保險推銷員。

「哎呀！你突然失蹤之後，一下子覺得很冷清，都沒人陪我喝茶了。哪！品嘗一下！」陳董邊說邊端杯子給我。

「我給您的建議書還在嗎？」我冷不防一提。

「還在啊！我找出來。」

他「乖乖」的從右邊第一格抽屜翻出來。

「好好好，我叫會計開支票給你，我又沒說不跟你買，幹嘛搞失蹤！我可警告你，成交之後可不能再隔這麼久不來看我！」

「陳董仔，我敬您一杯。對了，您剛才說您那個結拜的、姓林的那位兄弟，可否介紹給我呢？」

「噢！你……」

陳董仔瞪大眼睛看著我，我們兩人相視而笑。東方美人真是好茶呀！滿室的清香繚繞不去。

五、真心服務法

嚴格來說，真心服務法稱之為「服務帶動推銷」。請注意，這裡指的並非是服務代替推銷。真心服務是完成銷售的催化劑，也是八大成交法的最基本功，更是銷售生涯中對待客戶最重要的信條，更是每位頂尖推銷員奉為圭臬的座右銘——你永遠把客戶擺在心上，他也會把你擺在同樣的重要位置上。

所以我們說，沒有離開的客戶，只有離開的業務員；沒有不加保的客戶，只有不真心服務的業務員。

我喜歡在客戶出遠門的時候打電話問候他，遠距離的關懷通常能讓客戶覺得很窩心。

「秋莉，到台中一切順利吧？」

電話另一端的許秋莉女士，正準備陪同美國來的客戶到台中工廠看樣本。

「我正跟客戶在美國的家庭醫生講電話。」

「喔！客戶怎麼了？」

「他憂鬱症發作，忘了帶藥出門，現在吃不下也睡不著，我在房間陪他。他也不去看醫生，剛問了附近一家大藥房，是有他美國醫生指定的藥，問題是藥房要有醫師處方箋才願意給。怎麼辦，你台中有沒有認識的醫生可以幫忙？」

「這麼麻煩啊！什麼藥還要處方箋？」

「他那是管制用藥，不然就得到台中榮總去掛急診……等一下再跟你聊，他太太從美國打電話來了。」

掛下電話，我馬上撥了兩通電話到台中，一通找我台中的腦神經醫生客戶幫忙，託他找可以開處方箋的專門醫生；另一通打給當地的同事，請他到秋莉的飯店去看看能幫上什麼忙。結果是什麼忙也沒幫上。秋莉的客戶不願意隨便吃藥房的藥，最後還是決定半夜直接到榮總掛急診拿藥。

凌晨一點半時，我再度和秋莉通上電話。

「怎麼樣，客戶有沒好一些？」

「哎呀！我真的累壞了。客戶吃完藥好像好多了，現在回房休息了，希望他沒事一覺到天亮。」聽得出來她真的睏了。

「秋莉，不好意思，沒幫上什麼忙。」

「不要這樣說，真的謝謝你有這個心，還要跟你說聲不好意思，把你那個醫生朋友半夜吵起來。」隔天十點多，我又撥了電話過去，電話那頭的秋莉說ＯＫ了。

過了一個禮拜之後，我在電話裡告訴秋莉，「現在有一份美元保單，有定存的利息加一點保障……」

話還沒說完，便聽到她說：「林裕盛啊，你又在競賽了！我在花旗銀行正好有一筆五萬元美金存款，這樣吧！就移到你那裡去吧！你中午過來，我請你吃飯，順便陪我到花旗銀行去把手續辦一辦。」

我愣在電話的這頭，半晌說不出話來。感動啊！人家花旗也是定存，移過來也是定存保單，幹嘛這樣折騰呢？但是，客戶是真心想幫你，不是嗎？

六、聲東擊西法

「向客戶學習」，一點也沒錯。初出社會的我們，哪裡會知道大人物內心的轉折，這就是所謂人性的詭譎，是學校學不到也無法教你的；但如果你夠勤快，你會成長得更快。

下午五點，我和李中柱到敦化北路一棟獨立的大樓做陌生式拜訪。七樓，是一家成衣兼女用皮包外銷公司，辦公區有十幾個內勤職員，隔著玻璃的另一面則是樣品作業區，有五至六位女作業員就著機台縫製一些半成品。余先生聽我們開始介紹，他不置可否的聽我們自說自話，撤退時，很大方的給了我們一張名片，我們兩人如獲至寶，拜訪了一下午，這是拿到手的第一張名片。

後來當然是一連串的複訪、寫信、送建議書。一個半月後，收完年繳八萬元的保費正要離去時，一個低沉飽滿的聲音引起我們回頭。

「你們兩個是幹嘛的，整天往我公司跑，不知道這是上班時間嗎？」

我用眼神飛快看了一下余先生，他以無聲嘴型說著「老大」兩字。

「老闆您好，我們是南山人壽，特來拜訪。」

「南山人壽，拜訪？進來！」老大擺足了威風，上上下下，著實打量了我們一番，吆喝我們進去。

「余伸強保了你們什麼？」

我開始慢慢明白，原來他就是這家貿易公司的老大，每次來找余兄時，他的大門總是緊閉，也就因此「忽略」了他。大人物是不容忽略的。現在他用行為語言正式表明老大的身分，我們當然打蛇隨棍上了。後來他和太太合計繳了年繳五十萬的保費，遠遠多於余兄，十足的老大身價！

§

紳裝西服現在的老闆李萬進先生，以前在名家當裁縫師傅，叫阿水仔，後來調到名士館當總師傅。每次我到名士館總愛找他聊天，也曾介紹了好幾位客戶直接找阿水仔服務，跟名士館林董當時不是很熟，所以不會是故意冷落他。哪裡知道無意中被晾在一旁的林董，漸漸也不是滋味。有一天，他終於按捺不住發威了。

「林桑，你過來一下。」

我和阿水師聊得正起勁，突然被林董叫過去，還以為是發生了什麼大事，沒想到林董奉茶給我，和顏悅色的與我聊天。

「聽阿水仔說，你在做保險，他和名家阿川都跟你買了保險。」我邊喝茶點頭如搗蒜心裡忐忑不安，林董接著說：「你看，如果我和我兒子要投保，你幫我規劃規劃，一年得繳多少錢？」

這樣的結局令我瞠目結舌。林董是百分百的生意人，他只是要明白的告訴我，這家店當家的是他，不容模糊。下回無論你到名家、紳裝名士館西服訂製西裝，別忘了報上我的名號，肯定有用。

七、故事成交法

如果你想成為真正的銷售高手，你必須是一個說故事的高手。

銷售現場就是一場秀，你是演員、燈光、音效、編劇兼導演，當然，必要的道具你也得自己準備；觀眾卻只有一位，就是雙手抱胸，不怎麼對你感興趣的準客戶。

你應該也明白，銷售現場就是一個積極、準備充足的舞台，由上述那些身分，包括能秀出精采故事的業務員和一位不太熱中的準客戶所構成。

即便到了銷售循環的尾聲，準客戶對你有了進一步的深層了解，或許你和他也培養了一些交情，但到了要求成交的關鍵時刻，必須從理性切入，由情感完結。你必須掌握締結時準客戶感情的流動，進而讓他自己激發簽下保單的意願。而這個時刻，一個感人肺腑的真實故事將派上用場。

不要害怕講長篇故事。故事的重點在於已買者如何受益，而拒絕購買者發生了什麼困境。如果可以的話，儘量使用真實的案例，你的案例或別人分享的皆可。如果故事有生動的描述，你的準客戶愈發能進入情境，認同你的說法。

反覆練習你要講的故事，找配偶或同事演練，直到他們也感動為止。就像練習推銷話術一般，你若不夠熟練，準客戶就無法融入感情到你案例中的主角。你自己更要入戲，如此才會有戲劇性的效果去帶動客戶的情緒，進入案例中去設想自己的處境。

主顧先生，你的右半邊是現在三十五歲的你，你的左半身是未來六十五歲的你；現在你只是把右手邊口袋裡的錢移到左半身六十五歲的你而已。六十五歲的您退休了，您知道世上最難賺的是「風燭殘年的活命錢」，到六十五歲那一天您真的退休了，手裡拿著最後一袋的薪水袋了，往後真的再也沒有薪水可領了。

人一定有收入停止的那一天，但支出還在繼續。只有現在三十五歲的你才能繼續發薪給未來那個六十五歲的老人。

§

美國舊金山大橋落成典禮時，設計師發表感言追念他的父親，表示是由於一位敬業的人壽保險業務員以及偉人的父親的遺愛，他才有今日。

「好可惜，茱麗的父親沒來，沒辦法陪在她身邊參加她的畢業典禮！」

「胡說，我爸爸一直陪在我身邊，儘管他已經逝去那麼多年，但若不是因為他的遠見，我怎麼會有理賠金完成學業呢？」

以上這些故事聽起來耳熟能詳，卻也是真實的案例。

你可能是業務新兵，還沒親身經歷客戶動人的理賠案例，但你不能否定它的存在。

歲月過去了，你自己也親自遞送了一張張的理賠支票，對人壽保險的功能與社會意義就愈加深刻與不可動搖。

準客戶是觀眾，觀賞你的精采演出，如果他感動了、認同了，我們贏得生意，客戶將落實他的愛給自己和家人，直到永遠。

八、終極生死戰

我們單位的王永源主任，有次在早會分享他的成交心得，大家在台下聽的哈哈大笑，我覺得有趣又實在，決定在這一篇篇尾分享給大家。

王永源非常傑出，四星會榮譽已連續五十一個月獲獎。他是四十三歲才加入永豐團隊，平常進出辦公室甚少穿西裝，理個平頭，總是默默的來去；一開始我也甚少注意他，是個平凡到不會讓主管投以熱眼的尋常業務員。

慢慢地，我卻發覺他的業績很穩定，探問後才知道他出身市井小民，幹過很多行業，三教九流的朋友很多，以前一直不相信人壽保險是個事業，老是猶豫不決。還好他的主管很有耐心，花了十八個月的增員時間，最後終於打動了永源的心。

永源加入團隊半年後，我開始關注起這位不起眼卻默默耕耘的新兵，並激勵他走向四星會的榮譽，而他也不負我的期待，連續四年贏得四星會的榮譽獎項。

榮譽貴在堅持與連續，否則如流星劃過天際，短暫得不復追憶。世上所有頂尖人物，都是一再重擊他的勝利大旗，湖人隊柯比．布萊恩（Kobe Bean Bryant）已戴了五枚NBA冠軍戒指，接下來發宏願誓取第六次，向籃球大帝喬丹看齊。

祝福所有在勝利之路上奔跑的推銷員，留住成功，永不懈怠。

§

干永源的成交步驟是：（一）幽默套交情；（二）責任與榮譽；（三）保障與需求；（四）求人兵法：軟硬兼施，套交情加上肯求人，最後就能夠快樂成交，可見他的用心學習；（五）終極生死鬥。

關於終極生死鬥，事情是這樣的：

永源有一個好朋友做「土水」，三十五歲未婚，永源已經跟他談了好幾次合約，最後一次決戰時，永源脫口而言：「你若不簽，我就殺死你！」

做土水的準客戶傻了，「不是殺了你，是殺死你！」

「為什麼？」

「你現在三十五歲，未婚沒子，能賺錢養活自己；可是到了五、六十歲，到時候如果生活困難，你一定會來找我。屆時如果我沒有能力不能幫你，你勢必翻臉，大家這麼久的交情，這點忙都不願意幫，搞不好那時你會惱羞成怒殺了我。我想想，與其將來被你誤會所殺，不如我現在就殺了你！」

土水仔一聽，笑傻在一邊。我們大家問，後來呢？後來他想想有道理就買了。

台下有人又發問：「永源主任，當時如果你那個朋友還是不買呢，你是不是真會殺了他？」

「笨蛋，當然不能殺！下回再去就是囉！」台下笑成一團。

班・費德文教我們：推銷的關鍵在拜訪，拜訪的關鍵在面談，面談的關鍵在「有力的辭句」！永源完全抓到了銷售的精髓，有力的辭句才能點醒客戶，打動人心，喚醒客戶對自己及家人的愛。

你可以如法炮製，但在話出口前，要先掂掂自己和客戶的交情夠不夠。

成交的關鍵密碼

成交的關鍵是如此的難以捉摸，正如人性是如此的難以掌握一般。

我們的工作就是化敵為友，準客戶一開始基於禮貌和初始的好奇心願意接見我們，於焉展開一段艱辛的銷售過程。有時候客戶之所以願意見面，完全是由於我們積極的要求所致，你要把這個「積極的心態」貫穿全場，直達終點。

「林裕盛啊！不是已經告訴你，我要下班了嗎？」

「下星期再來，你怎麼又跑來了？」

「頭家娘，妳已經「過面」啊（事業有成），我除了積極，還擁有什麼？一個渴望成功的年輕人站在妳面前，正期待妳的提拔啊！」

一個初出社會的年輕人央求成功人士的提拔是天經地義的，更何況你手上握著的，正是落實人性最偉大光輝的產品——無私的愛！

年輕朋友們，帶著你那顆永遠炙熱的心，永往直前吧！

成就自己的業務DNA

要求成交的思考方式必須像是「聖誕燈樹」般通體明亮，一插電不能只亮一顆燈泡，而是要一整串的燈泡同時聯結。

客戶的心思、人性的美麗、人情的冷暖、自私與愛，隱匿在每個心靈角落，就像是每一顆小小的燈泡，你要心思細密、步步為營、洞燭機先，才不會錯失每一個細微的心思靈動而竟大功。

祕訣在哪裡？

練習，不斷的練習；見客戶，不斷的見客戶。一旦擁有了客戶的第一筆生意，進而建立起高品質的客戶關係，你的前途便是無限光明的。

05 組織凌駕一切

組織發展主宰未來成就

一位成功的業務主管必定是建立一套將「天天增員」列為第一優先工作的人。當推銷必須變成一種習慣，增員也必須養成習慣，一位業務主管能系統化的不斷尋求新進業務員，他才有足夠的名單加以考慮、選擇和淘汰，最後才和那些最適當的人選簽約。

發展組織讓你成就輝煌

增員，直言之，即增元，為的是鞏固與增加收入。但仔細研究後會發現，金錢的誘因只是發展組織的原因之一，其中幾個主要目的如下：（一）增加收入；（二）讓更多的人買到保險；（三）成就他人；（四）有錢有閒、自我實現。

請參考下頁的增員名片——「馬上成功」。

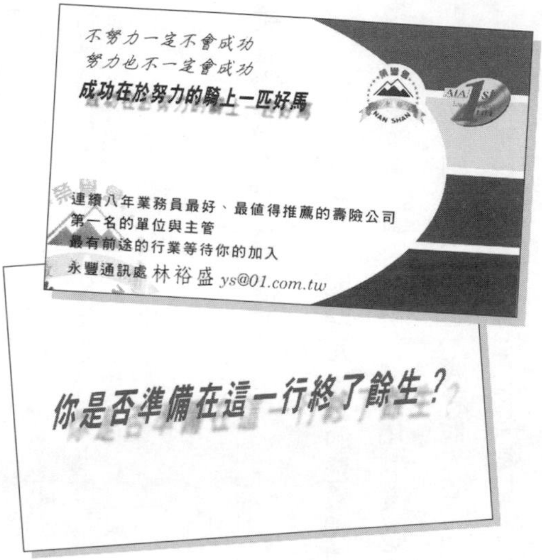
不努力一定不會成功
努力也不一定會成功
成功在於努力的騎上一匹好馬
NAN SHAN
連續八年業務員最好、最值得推薦的壽險公司
第一名的單位與主管
最有前途的行業等待你的加入
永豐通訊處 林裕盛 ys@01.com.tw
你是否準備在這一行終了餘生？

（一）增加收入：增加收入固然是最主要的原因，而鞏固收入的原因是擔心自己哪天跑不動了，還有組織的自然運轉產生利潤；當然，如果你能持續銷售，續繳的服務津貼也是業務員年老色衰後的保障收入。

（二）讓更多的人買到保險：想要讓更多的人買到保險，這是燭光理論。畢竟，一盞燈照耀的半徑，終究不如多盞燈的照明範圍。對於人壽保險的信念，是讓更多家庭得到周全的保障，這項信念變成成功主管的社會責任。

（三）成就他人：業務主管的自我滿足與成就感，來自幫助一個年輕人到保險公司創業，引進他們進入這個行業並發光發熱。一個主管最大的快樂，不應只侷限於自己成交多少多大的保單，更來自於擁有一群像自己一樣成功的人或青出於藍的人，圍繞著自己。

據說胡瓜剛出道時去拜見張菲，那時也還是小弟的鄭進一，在一旁跟張菲說：「師父，這傢伙長這樣，將來如果會紅，我頭剁給你！」哈哈，鄭進一夠毒舌，胡瓜夠爭氣，張菲嘛，夠豁達。

（四）有錢有閒、自我實現：有錢有閒和自我實現，不一定要和（一）增加收入的看法相同，認為自己跑不動了還有團隊組織的收入。

組織的運轉能讓你擁有更多的時間悠遊天地，同時也建立更崇高的業界聲望、笑傲江湖，達於馬斯洛「需求層次」的最頂層。總結來說，金錢與個人成就滿足發展組織的兩大主因，後者有時更勝於前者。一個人銷售業績再好，充其量只是一個「成功」的推銷員，組織的發展，則讓你從「成功」到「成就」。

主管為什麼不增員？

其實不是不增員，而是增員太難了。如南山有三萬多名外勤，能位居處經理（District Manager）統轄一百至三百位業務員的人，也不超過四百人，各營管處裡充斥著單兵主管，一人主管或沒有培養出其他主管就可見一斑了。這些單兵主管區分為兩大類：業績好的跟業績不順的。我沒說業績不好，「不順」也許將來會轉順，免得傷了他們的自尊。

我要闡述的是，業績好的那一群單兵主管「你為什麼不增員」；業績不順的另一群「你更需要增員」！其實這兩者也並不一定不增員，在他們的壽險生涯裡，應該也增員過，甚至也曾培養過主管，只是他們曾經付出多少心血增員來的人都陣亡了，離開這個行業，弄得他們心裡主觀上決定：再也不增員了，浪費時間又沒有利潤。

其實，這樣的負面思想就是最可怕的致命傷！

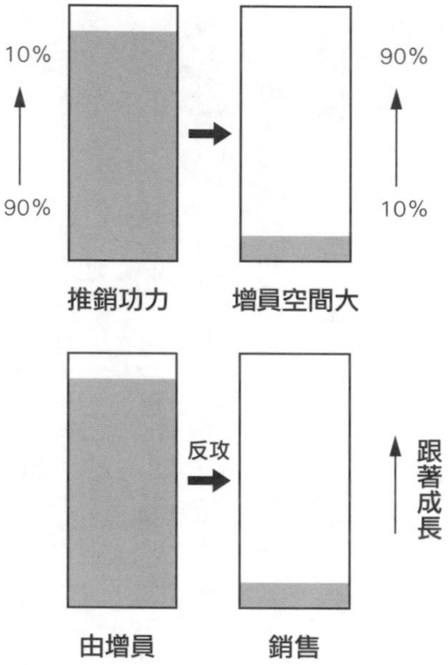

一個人的思想決定他的行動，行動決定了成果，錯誤的思想導致這些主管，青春不再，但膝下猶虛，沒有團隊。雖然每天仍是談笑自若地進出辦公室，但望見別人團隊卻兀自神傷。我們試著來解開這個心結吧！先說前者，既然你個人業績做得好，代表你熟悉銷售的所有技巧，精通人性，並自我管理得很好。

增員與組織的發展就是通路的連鎖分店，概念是完全一致的，只是我們把實體分店化身為每一個你培養出來的「人」而已。既然你能把總店經營得虎虎生風，績效卓著，為什麼不把這一套know-how分享出來成立分店呢？

人壽保險事業最迷人之處，不就是它源源不斷的「被動收入」嗎？你已擁有續繳津貼的被動收入，當然更可以追求組織發展的被動收入，為什麼要自斷其一臂成為獨臂刀王呢？要有更高的成就，當然要具備更多的能力與付出。

人生本就是不斷的挑戰，你之所以願意選擇這個行業，本來就具備不畏難的決心，所欠缺的只是一點點格局與眼界的調高。推銷與增員，絕招形同異路，刀法大同小異，愛心與耐心的涵養，才是組織發展的核心內力。你要自我期許，不僅僅是一位銷售主管，今後更將推升自己成為「會推銷，能增員」的經營主管！高效率的推銷能力對你將來發展組織的成功與否，具有重大的決定性，不談增員，殊屬可惜！

對於後者——暫時推銷不順的單兵主管，你更要增員！「從哪裡跌倒就從哪裡爬起來！」何必呢？能從原地爬起來固然勇氣可嘉，魄力驚人；但你有沒有想清楚，一個會讓你跌倒的地方勢必又濕又滑，在A跌倒沒有人規定不能從B爬起來啊？幹嘛一定要那麼固執，一跌再跌呢？

你現在推銷工作不順遂，那就轉變心態，邊推銷邊增員，不是「不推銷光增員」。你會擔心你欠缺know-how，沒有傲人的得獎紀錄，那又如何？你忘了你的主管還有身處的團隊嗎？你要學會「借力使力」，透過團隊來幫你，儘速把自己壯大變強才是硬道理，將來團隊還等著你回饋呢！

「一名關鍵業務員會讓局面大不相同。」請牢記這條真理。等到團隊做起來了，再回頭好整以暇的做銷售，不是一件很快樂的事嗎？會推銷再增員，邊推銷邊增員，都可同步登頂，風雲際會！

主管的增員方式

業務員主要工作當然是賣保單，推銷成功的三大要領是：（一）見大量的準客戶；（二）見適當的準客戶；（三）講適當的話。

但如果終究要增員，要走上主管這條路的話，業務員時期也可睜大眼睛增員啊！只是暫時和你在同一個主管轄下輔導。只要公司制度健全，在你晉升主管後增員的人自然會回歸你的團隊，你不用擔心這一點。

增員可分為三個階段：「制度分享式」增員──業務員階段；「經驗分享式」增員──一般主管階段；「聲望吸引式」增員──卓越主管階段。

「成功已是註定，速度才是關鍵。」

根據保險公司統計，處在在業務員階段的時期，或從事三個月後，就能洞燭機先，開始物色夥伴進入其未來團隊的人，將來成功的速度會比同期不想增員的學員快些，格局當然也大得多。你再仔細想想，業務員時期增員其實並不困難，甚至比你成為主管後容易得多，為什麼？因為你進行的是「制度分享式」的增員。

這個階段的增員，你沒有什麼壓力，因為你也是剛進來這個行業，不必有顯赫的業績來彰顯你的優秀，大家都是一窮二白，在同一個起跑點，你只須注意你原來公司的同事，退伍的同梯，從小到大的手帕交，告知他們你要轉行去當打工皇帝了。

「要嘛就現在大家一起捲起袖子共同打拚、打天下，免得將來萬一我成功了，你們莫怪我當初沒告訴你們，一個人飛黃騰達去。」你看，這語氣還有一點點恫嚇的味道，多有意思！等到他們心猿意馬了，你就介紹你的主管出馬，用團隊的資源幫你做增員後續的收尾動作，你還是可以專注在你的銷售工作上，不是嗎？畢竟誰也見不得他人出頭天自己獨落魄吧！等到你一旦晉升主管，馬上就有團隊誓師，再往更大的職位發展，速度的表現會讓你開心不已，當然，雄心也萬丈。

增員的撲克牌理論

主管的工作是推銷、增員、訓練、輔導、激勵等概括的五大項目。如果均分的話，推銷只占百分之二十；增員之後四大項總占百分之八十。如果你沒有做好「增員」動作，後面的訓練輔導激勵均淪為空談！

所以，有效率的培養專業業務員是業務主管的首要工作，隨之而來的訓練、輔導與激勵，則是業務主管工作中最重要的部分。

業務員是整個銷售和服務客戶的起點，保險公司的業績完全由業務員的表現來推動；而你，身為一個團隊的主管，你這個團隊的業績表現，當然也完全取決於你所增員來的業務員身上。如果你還只想用你個人的業績去擔起整個團隊的重責大任，那你應該明白，那只是一時權宜之計，長久之後，猛虎畢竟難敵猴拳，而你的傲然獨立，慢慢轉成英雄氣短的喟嘆，如何去與大團隊爭輝呢？

有些教科書上教我們，主管的主要工作增員之後，需要再加上「選擇」的項目。很好，這代表你必須要有足夠的準增員名單，你才有資格談「選擇」；這代表你必須持續你的增員工作，才會有足夠的名單產生，讓你進行選擇與淘汰，最終和最適當的人選簽約，進入你的偉大團隊。

因此，當業務主管在進行增員工作時，浮現了兩大難題：「持續性的增員習慣」與「選才」。

那就執行撲克牌理論，找出黑桃A吧！

因為不規則的增員，是滿意增員效果之大患。業務員做推銷時，他會孜孜不倦，這個客戶沒有希望，就再開發另一個客戶，懶惰不得；但做增員時，就不一定會堅持到底了，當你總是斷斷續續增員，後來看到別人有新人了、吃午餐或開會時一幫人呼嘯而去，心中好生羨慕，於是暗下決心一定要好好增員。

但這個好不容易下的決心，很容易在一次次失敗的經驗後煙消霧散，重回拿公事包推銷的老路！為什麼？沒有業務員，自己又不推銷就沒飯吃啦！更何況還有考核的壓力，不耐著性子推銷怎麼行呢？除非這個行業不幹了。不增員也不會陣亡，以後有機會再做吧！了不起原地踏步暫緩，甚至自我安慰，晉升不就結了。

心裡這麼一盤算，推銷與增員兩條船踩來踏去，青春在眨眼間消逝無蹤，結果是原地踏步、一事無成，印證了〈行動凌駕一切〉裡的一般性行動；但這種心魔很容易去除的，道理就在於你除了日日推銷之外，持續天天增員就好了！

不規則的增員是滿意增員效果之大患，一位成功的業務主管必定是建立一套，將「天天增員」列為第一優先工作的人。當推銷必須變成一種習慣，增員也必須養成習慣，要能系統化的不斷尋求新進業務員，他才有足夠的名單加以考慮、選擇和淘汰，最後才和那些最適當的人選簽約。

人壽保險是統計學原理，相當科學的；推銷與增員成功率也是基於統計學，精確一點講就是或然率。職棒有打擊率，職籃有投籃命中率，都是統計學的一環，成功的分子藏在失敗的分母裡。

了解了這個道理，你就不能在失敗的案子裡堆積太多情感，天天推銷，日日增員，藉著或然率，在一堆失敗的分母裡找出成功的因子。也就是說，你必須咬緊牙關，沒有悲傷與悲觀的權利，奮勇向前，只要你做的量足了，終會雲開見日，得到應有的報酬。「天道酬勤」不就是這個道理嗎？

二十年前，我們講推銷的或然率是10/3/1法則，增員則更困難，比例是30/5/1，面談了三十位，刷掉二十五個，留下五個還不錯，再刷掉四個，剩下一位精兵進來上課。

現在保險的觀念普及了，我把比例調整為13/4/1，正好與一副撲克牌的花色比相同：一張黑桃A內含於四張王牌再內含於十三張同門。

這個道理再簡單不過了，一副牌蓋在桌面上，什麼方法能最快找到王牌中的王牌「Spade A」？

很簡單，把所有的牌都翻開就看到了！換言之，你要挖掘出千里馬，只要笨笨的每個月去市場面談十三位新朋友，自然而然會有統計學的優劣良窳出現。你會問我：如果談了十三位都沒有理想對象出現呢？你忘了再接再厲嗎？讓整副五十二張撲克牌去呈現你的四個A吧！

沙裡淘金，還是煉沙成金？

某日我拜訪客戶完回到通訊處，業務員們見我進來，異口同聲道：「處經理晚安。」

「這麼晚了，還在上課啊？」

「報告處經理，」于慧襄理架了一個白板在兩張桌前給他們上課，忙不迭的向我彙報，「菁英班有五個新人下課，我和鴻安抓他們過來強化產品知識！」

「喔！很好，大家加油囉！」五個新人加上原有的成員，一個嶄新的團隊正在茁壯！

新人最重要的信心來源之一是「歸屬感」。歸屬感來自團隊的整體運作，有效教育與溫馨的活動就不可或缺了！有關團隊的增員活動大致如下：（一）營業處的早會；（二）各區主辦之夕會；（三）夢想起飛讀書會。

（一）營業處的早會：活動由營業處主辦，區經理及各級主管「督導」所屬團隊參加。出席率的高低決定新人的存活率與業務員的活動率，是營業處的重大指標。

（二）各區主辦之夕會：建議可以將時間定在每週五晚上，在一個星期結尾進行檢討會報，更可以邀請兼職業務員參與，強化專業知識並認同團隊。

（三）夢想起飛讀書會：由裕盛區主辦，每月一次，邀請準增員對象參加，定位為學習型組織，更是區單位重大的增員活動。讀書會的時間建議可以挑在週末下午，假日輕鬆的時光將有助於成長的交流。

「選才」才是王道（who's on your bus?），這是我最喜歡跟大家分享的觀念。很多主管不是沒增過員，而是「一朝被蛇咬，十年怕草繩」。為一個不成才或者看起來成才的新人付出太多，把全部希望押在他身上，自己的推銷也放下，全心力輔導這塊「朽木」，最終「不可雕也」。

「朽木」當然是陣亡了，最慘的是主管也去掉半條命，弄得人（增員）財（自己放掉推銷）兩失。午夜夢迴，痛下決心，再也不增員了，靠人如上九重天，只有自己最可靠！從此千山我獨行，不必也沒人相送。錯誤的思想觀念導致錯誤的行為，最後全盤皆輸。

成功是要付出代價的；失敗更要付出慘痛的代價！俗話說：「書到用時方恨少」，但是關於增員的經營也不用讀太多書，你只要牢記三句再簡單不過的成語即可：

・朽木不可雕也。
・沙裡淘金。
・真金不怕火煉。

既是「朽木」，你又何必下手去雕。這世界最不缺貨的就是窮人，有志氣的窮人還有機會翻身，如果他是自甘於貧窮，神仙也救不了，更何況是你呢？

遠離「朽木」，讓你遠離「心力交瘁」，遠離哀傷。

沙裡淘金更明白不過了，你不是輔導有問題，是增員的量出了問題，輔導來培養去都是那幾粒沙子，沒有受精的卵如何孵成蛋，沙子不可能煉成金的。

你整天耗費你的精力在煉沙，你又不是魔術大師劉謙，沙就是沙，你得認了。唯一的方法是從一袋袋的沙中找出一粒金，如居禮夫人從一屋子的瀝青礦煉出一點點鐳，這個簡單的道理人人都懂，只是知易行難。

成功的人要勇於鞭策自己，你最大的問題應該出在自己的「懶惰」，不願意開發更多（大量）的準增員名單，才會導致最終無從「選擇」與「篩選」，抱著朽木與沙子共沉淪！

其實，真金不怕火煉，而且愈煉純度愈高！

誰煉？當然是市場的客戶啊！

很多新人自己表現不好，第一個就怪主管輔導不力，沒有好好教他。奇怪了，你看大海裡魚媽媽下完千萬顆卵後，有留下來輔導嗎？牠掉頭就走，為什麼？牠要去覓食活命哪！主管帶你或者增員你進公司已經去掉半條命，讓你知道金礦之所在，你這輩子就得感恩戴德了。你若真是塊料真是純金打造一定越磨越亮的，牢記，主管是用來感恩的，不是用來索取，更不是用來埋怨，做為自己失敗的最大藉口。明白嗎？

請實踐撲克牌理論，並參考如下頁所示的「增員出擊三十天」表格！

※ 實踐增員的撲克牌理論 ※

增員出擊30天　（___月）

No	項目／姓名 生日	電話	親客同友陌	增員程序	面談			星座／血型	親和力	企圖心	人脈	增員信函或資料		
									1～10分					
A					1	2	3					1	2	3
2					1	2	3					1	2	3
3					1	2	3					1	2	3
4					1	2	3					1	2	3
5					1	2	3					1	2	3
6					1	2	3					1	2	3
7					1	2	3					1	2	3
8					1	2	3					1	2	3
9					1	2	3					1	2	3
10					1	2	3					1	2	3
J					1	2	3					1	2	3
Q					1	2	3					1	2	3
K					1	2	3					1	2	3

※ 這張增員表格提供你最佳的示範，若能依此照做，組織發展必能走出沙子般的泥淖，迎向海闊天空的世界。

選才的1233法則

在我長期的工作經驗中，歸納出選才的1233法則。

第一個條件——「樂觀」，是無可救藥的樂觀，失敗後知道檢討，檢討時不會一味指責自己，而會冷靜分析再度披掛上陣。

樂觀的性格，是全世界壽險公司評估是否要錄用一位新人最重要的指標，有些機構甚至把它列為唯一指標。為什麼？其他所有的不足我們都可以培訓他，唯獨「樂觀」不行，它是與生俱來的！

1233法則

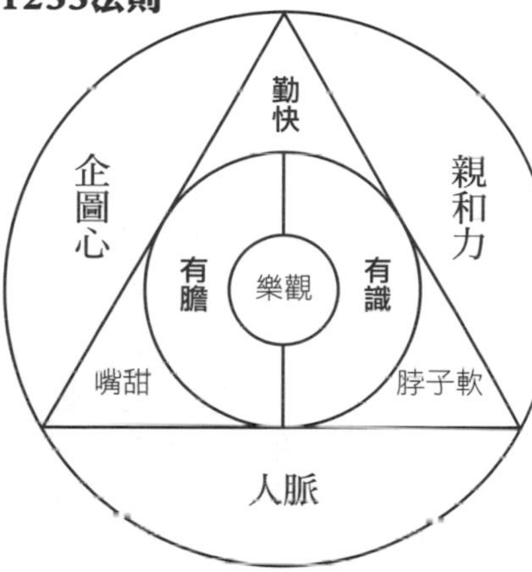

樂觀當然和自信不可切割，來自於對自己能力的肯定。人壽保險是個被拒絕的市場，客戶家門口永遠架著一挺裝滿拒絕子彈的機關槍向我們掃射。你沒有足夠的自信與樂觀，如何挨了子彈後自動癒合傷口呢？

我們面談新人時，觀察他各方面條件都很好，「你行的，這位朋友。」你這樣對他說。他回答得很快：「我不行！」然後就在「你能」、「我不能」；「你可以」、「我不可以，我沒你們那種能力」之中無止境的拉鋸。

這種狀況你我都碰過，也許他真的不行，他都這麼沒自信了，你當然得放棄他；另一種可能或許是你沒介紹好整個行業的前景、制度，讓他無法清楚的判斷，心裡面先拒絕你再說了。解決之道是回到原點，好好清楚介紹壽險事業，遊說他確實有轉行的必要。不能硬要一個條件不足的新人，但更要明察秋毫，不可輕言放棄！

§

第二個條件──「有膽有識」。人分為四種：有膽有識真英雄；有識無膽是懦夫；有膽無識是莽夫；最慘的是「無識無膽」，乾脆重新投胎，下輩子做條鱷魚算了，起碼長相凶惡活得夠長，總比當個凡夫俗子強。這是刺激準增員對象的話。《壹傳媒》老闆黎智英講「成功在於落場搏鬥」，張忠謀五十歲賭上一切，束裝回台，走一條孤獨的「晶圓代工」之路，成就「晶圓代工之父」的美名，他講年輕人要勇於「Risk taking」（承擔風險），都是同一個道理。

之前用這四句話增員了不少大將進來，某天深圳的一位外掛弟子傳簡訊來：「師父，您前陣子在台上教我們的『有膽有識』選才話術真管用，我增員一位賣車高手好半年，他一直心動人不動，最近一次面談時，我就搬出您這個教誨，沒想到竟然一擊而中，下個月他要來做專職了。真是感恩您哪！」

收到了這封感謝簡訊，我心想感恩倒不必，所謂天下英雄惺惺相惜，萬流歸宗。

§

準增員的對象是伯樂，要能「識」壽險事業這匹千里馬，更要放「膽」騎上去啊！成功不是少數，而是極少數。全球年產上千噸的珍珠裡，頂級的南洋白珠比重不到百分之三，而它的價格也比一般養殖珠高出一百倍。

第三五二期《財訊雙週刊》闡述年輕人第一份工作決定當老闆，必備職場「五力」：創新力、忍耐力、思考力、學習力與分析力。思考、學習與分析說的皆是一個「識」字，資訊的不對稱造成財富的不對稱，更拉開了將來成就的不對稱！

有了「識」，最終決定於「行動力」，不落場搏鬥，終究一無所得。

王永慶說所謂的「運氣」，是當機會來臨時，你已準備好並決定投入。更何況年輕人有什麼好輸的，本來就一無所有，跌倒了，拍拍灰塵起來再戰就是了！

你要是真英雄，就不可自我埋沒，要破繭而出，終至讓自己成為一顆色澤豔麗、價值萬千的南洋白珠。

做業務，不能保證成功，但「經歷業務」卻是任何一位成功人物必備的履歷表。不經業務的洗禮，連成功的機會都沒有。

第三個條件——「嘴甜、脖子軟、勤快。」嘴甜是講適當的話，能讚美別人，讓準客戶很窩心。這道理就像一言以興邦，做生意也一樣，逢人減歲，遇物加值。

「老闆，你最近怎麼變這麼瘦啊？」

客戶瘦了是實情，但你一定要這樣講嗎？言下之意，好像他得了什麼大病，以致暴瘦，他聽了你這樣說，心裡不會怪怪的嗎？才見面，你這不經大腦深思、直覺就出口的話，已經搞砸了後面的生意！

改成這樣說不是很好嗎：「老闆，你最近變苗條了喔！有在練身體哦！看起來好有精神啊！」

再考考你一題——如果遇上身材變胖的準客戶，你要怎麼稱讚他，對方才會開心呢？請去開個小組會議吧，題目就定為：「如何讓言語得體」。

§

以前我經常帶新人出去 join call，在拜訪客戶之前會交代他們，「客戶看向你時，你只需微笑加點頭就好。」因為業務員拜訪客戶分為兩人一組，要分主、副手，一把手主攻，副手只需在旁點頭稱是，切忌否定主談者的言論。

有一位憨厚斯文的柯主任，和客戶面談時他的頭會點得特別厲害，只要客戶轉向他，他就劈哩啪啦好像斷了脖子般猛點頭。讓準客戶先生看了很滿意，話題主導權繼續回到我的（主手）講解。

成交之後，過幾天我送保單過去，客戶詢問起那位柯主任「咦！你上次跟在旁邊的那位、脖子拆掉螺絲的新人，怎麼沒來了？」脖子拆掉螺絲一詞惹人發噱，我們兩個笑成一團。另外一提，其實不是只有脖子得拆掉，腰間的螺絲也要一併拆掉啊！由此可知客人多喜歡「微笑加點頭」啊！

§

「勤快」更不用談了，「天道酬勤」應是世上每個成功者的基本座右銘。年輕人，除了「骨力」和積極，你還擁有什麼？「打死不退，愈挫愈勇，不斷的捲土重來」，則是處逆境重生的「勤快」。

以前我有一位工作夥伴，他的英文名字取為「Ching」，和中文名字蕭力勤是風馬牛不相干。有一次，我問他：「Ching是什麼意思？」

「Ching，勤嘛，不勤跑哪有飯吃？你不是說頭插兩根草，道路兩邊跑嗎？哈哈！」

我們兩人相視大笑，他跨上他的野狼一二五，在寒風中呼嘯而去，Ching跑客戶去了。

§

第三個條件——「企圖心、親和力、人脈。」親和力在於化解敵意，企圖心勇於要求成交，兩者缺一不可。

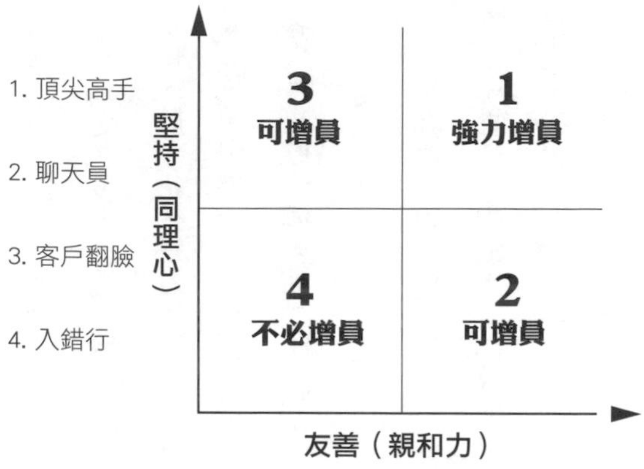

若準增員對象同時擁有人脈，則成功的機率高達百分之九十九，要傾全力增員之！親和力你一眼看穿，初見準增員對象時，能否給你「乍見之歡」的驚喜，臉上是否經常掛著笑容（樂觀、自信、友善的表徵），穿著是否得體，整潔配色是否合宜？有一句說：「不要增員你討厭的人」，假如你都望而卻步了，客戶又怎會接納他呢？

企圖心掩藏在每個人的內心深處，或者是一種潛伏。假如原來的工作了無生趣，卻又拚鬥無門，他早已斷了雄心壯志，殊不知，「成功在於努力的騎上一匹好馬」的道理。

也許一旦你介紹了「爭一時更爭千秋」的壽險赤兔馬給準增員認識以後，反而會激起他無窮的希望與力爭上游的決心也說不定，印證了所謂「時勢造英雄」的真理。

§

人脈來自於他原來換過多少工作，但更源自於他是否是一個受歡迎的人。

要知道，做人成功才會有人脈！一個充滿人格缺陷、信用破產的人，就算換過多少工作，也斷不可能累積人脈的。所以我們說，做保險就是做人，你要細細研究準增員的人品、原來工作主管同事的評價、休閒娛樂、家人相處、同學聚會時，定要明察秋毫。易增員，難輔導；難增員，易輔導。寧可在準增員進來前多溝通，多面談，多了解，高收入來自高能力，我們增員是為了建立團隊，為了「增元」，不是隨便找人充人數，最終「氣身魯命」。

不是只有準增員在選擇我們，不是這個行業能不能做；我們更在選擇它，有沒有能力進入這個行業？能力少數是天賦，多數靠我們培養。

六個含金量

新人的含金量愈高，含沙量愈少，去沙存金，準增員存活的機率就愈高，增員也變得有意義。

積極面對增員計畫，選才還可評估其六個含金量：（一）微笑，樂觀的表徵；（二）眼睛要雪亮，聰明，反應快；（三）行動敏捷，活力充沛、靈巧。你去觀察辦公室裡業績好的人，多數走路都不慢；（四）願意學習。他平常喜歡看書嗎？學然後知不足，競爭力來自學習力而不僅是學歷；（五）勇氣。在面對陌生人時，開發客戶需要無比的勇氣，勇氣來自觀念的突破，與生俱來則更佳。只可惜便利商店沒在賣，否則天天喝上一瓶，則能勇於敲開每一扇陌生的大門；（六）毅力驚人。觀察他受挫之後的反應，或者深入了解對方的成長歷程、家庭背景，抗壓性與抗挫性不足，皆難成大器。

應徵者願意來嗎？

透過選才的層層關卡，你確認了他「能做」壽險事業；接下來的工作也不輕鬆，準增員對象「願意」或者「要」做這個行業嗎？而最終，「要跟著你」的嗎？最後一個問題是相互選擇，成功吸引成功。

準增員對象如果具備「從事保險的特殊傾向」相關特質，那麼，他願意加入這個艱巨的銷售事業則有加分效果，其中蘊含了幾個條件：（一）家庭經濟狀況；（二）潛在的市場；（三）已經買保險；（四）出人頭地的欲望；（五）獨立作業的能力。

（一）家庭經濟狀況：現有的收入能滿足他家庭成員現在或未來所需嗎？壽險事業可以帶給他更高的收入，這一點，他心裡應該很清楚；相對的，其工作難度他也明白，如何在這兩點之間取得最終的抉擇，則會困擾他的思路！良性的財務負擔也許是個推力，但負債太多的對象你可要三思。

深入了解他的家庭成員和金錢收支是必要的，選擇困難的工作，源自對家庭的愛與責任。當年剛退伍的我遭逢家庭經濟巨變，也才痛下決心選擇這一條路，不是嗎？

（二）潛在的市場：主管要有開拓市場的能力，再把這個市場交給你要增員的人！這是很重要的心理素質。

請牢記，有捨才有得。假設你開發了一家醫院，裡面有一位熱心的護理長持續幫你介紹客戶，如果你捨得將這家醫院的未來客戶都交給她去經營，而不是你自己吃乾抹淨，這樣一來，她不就更有信心在這個行業很快便有收入，等於是踏出成功的第一步！

「與其妳一直幫我介紹，不如我來培訓妳，讓妳來服務他們，錢給妳賺吧！」這樣的說法很難讓你的準增員對象不心動！飯店、餐廳的副理都有著同樣的特質，具備易於成功的壽險傾向，會讓你的增員工作如魚得水。

（三）已經買保險：這樣的對象對保險有基本正確的認知。「增員你的客戶」也許是很好的方向；反之，如果他很排斥壽險這個商品，即使其他個人條件再好，恐怕你得耗費很長的時間去建立他的保險觀念，與其如此，想辦法先賣他保單，成交之後，再思增員之道也不遲。

（四）出人頭地的欲望：有些公司晉升的路很長，門很窄。辛勤打拚了十年，還不見得有個「經理」的頭銜，收入更是原地打轉。「有名有利才有動力」，名韁利鎖本是社會基本現象，他有成功的欲望，自然樂於付出代價，更懂得成功得來不易。

運動員普遍具有爭勝不服輸的拚鬥性，注意你的周遭，是否有退役的運動選手，高爾夫球教練是個不錯的選擇；再者，運動員的身體健康，體力充沛，也很適合我們這個行業。

（五）獨立作業的能力：我很喜歡梅艷芳的〈孤身走我路〉這首歌，經常當作出場演講的主題曲，正如同這首歌的歌名一樣，業務員最終是要獨立作業的。

他能自我安排工作嗎？請明確告知他「你就是老闆」，獨立就是卓越！

初期的陪同輔導是必要的，但能積極主動才能在這個行業生存下來。動物也是如此，公獅到兩歲就會被獅群逐出；雌性的豺狼長大後也得離開原狼群，避免近親交配的風險。獨立作業不代表脫離團隊，不拖累團隊才是王道。

§

三國才子曹植說：「只畏神明，敬惟慎獨。」慎獨成為一種美德，一種精神上的主流價值，在謙謙君子的修養中傳播和弘揚。也有人認為「慎」還包括慎欲、慎友、慎好、慎權。我們做業務的談不上什麼「權」，將來有了團隊，領導他們，更沒什麼「權」。內勤管理者偶爾有一點所謂的權力，更應該拿來服務辛苦打拚的外勤，以權事眾，方能贏得大家的敬重。

我更欣賞《禮記・中庸》裡中華民族特有的君子修身之法——慎獨。原文是「道也者不可須臾離也，可離非道也。是故君子戒慎乎其所不睹，恐懼乎其所不聞。莫見乎隱，莫顯乎微，故君子慎其獨也。」

幾千年過去了，慎獨被很多人稱為道德的最高境界，指一個人縱然獨處，依然要以嚴格的道德標準來約束自己，將道德融入自己的生命裡，而不是人前道貌岸然；人後卻放縱自己，說一套做一套。我常拿這兩個字要求自己，也以此告誡部屬：「做保險事業，要獨立自主，要有自覺。我不會也不能天天盯著你，你去逛街還是真去作業，只有天知道，但老天最終會告訴我，看你一段時間之後的成果便可知曉，真誠的努力是不會白費的！要『慎獨』！工作如此，做人更應如此。君子坦蕩蕩，保險是神聖的工作，我們的言行要配得上這份高尚的事業，有任何困難隨時向我彙報，我就在你身邊，若是一味的自欺欺人，何苦來哉！」

「人格特質」透過了你的篩選，「特殊傾向」贏向壽險業。你的增員工作有了美麗的起點。

身為業務主管的面談要事

擔任業務主管，必須為自己的團隊徵募生力軍，在面試前，我通常會把握好幾件事，做為初次面談重點：（一）激發參與的興趣；（二）強調保險事業的價值；（三）說明人生定位的重要性；（四）得到重要的背景資料；（五）讓他抒發內心的疑問，不只是你在講；（六）性向問卷填寫（參考用）；（七）蒐集以往工作的人事風評；（八）決定是否進一步爭取他。

身為組織中的面試官，必須保有面談時的積極思想。其實每個人都可能隨時換工作，每個男人心中都藏有一部保時捷，每個男人心中也都藏著創業的夢想。當你在找最適合的人時，必須相信自己一定可以找到；並且深信自己是新人的最佳導師，即便不能做到百分之百的帶領工作，也擁有最好的團隊可借力給對方。當以上這幾件事情都成立時，最重要的是，相信保險是最有事業性的工作，保險的市場最大。

瑞士再保險公司報導，最新公布的二〇〇九年全世界保險滲透度[11]調查顯示，台灣以百分之十六．八再攀新高，並蟬聯世界第一，排名第二為荷蘭的百分之十三．六！但是，台灣民眾的平均保額卻只有六十一萬，顯示在壽險保額的追求上，還極具空間。即使現今地球暖化，地軸偏移，天災人禍不斷，但保險的時機最好，保險公司是年輕人的最佳訓練場所。理財、節稅的金融專業知識已是現代人所必備，即使將來陣亡了，學得一身財務知識也已值回票價，更遑論銷售技巧的傳授了。

保險會讓年輕人快速成家立業，人壽保險事業能讓你不累積錢脈，也累積了人脈。當其他上班族只能興嘆「三生一宅」，保險創業讓你「三宅一生」不是夢，富貴「險」中求啊！除此之外，要助人就要到保險業——利人利己蓋高尚。當你說出這些原則後，假如應徵者立即追問可能的魅力福利，你可以豪邁的說：「助人成功就是自己最大的快樂——由成功到成就。」

§

然而，新上任的業務主管，除了掌握好面談的訣竅外，還需要注意面談的十項小禁忌：（一）不要虎頭蛇尾，太早放棄；（二）面談場所要精挑細選；（三）不做人身批評與攻擊；（四）不要偏離主題；（五）語氣、舉止要注重禮節；（六）穿著要專業，但不自誇不自耀；（七）切忌得意忘形，忘了尊重對方；（八）不能一味金錢導向導致反感；（九）態度彬彬有禮，不要咄咄逼人；（十）非必要不介入私領域（例如：感情、政治等）。

選才要透過面談，而事前資料、搭配人選的充分準備，是面談成功的要件。態度輕鬆自然，誠懇務實，你要選擇人家，人家也睜大了眼睛在選擇你！下決心爭取未來的夥伴吧！

---

⑪ Insurance Penetration，以一個國家的保費收入（不含社會保險）與國內生產毛額的比重計得。

業務主管的五大核心競爭力

一、高效率的推銷能力

我每年都會選擇一個座右銘砥礪自己，諸如：上善若水、永不言敗、天道酬勤、君子慎獨等，但入行第一年我就領悟了，要在這個行業成功，方程式只有一條：「立足推銷，放眼增員，擁抱壽險事業。」成為我第一年的座右銘，刻了竹簡，擺在我床頭伴我至今。

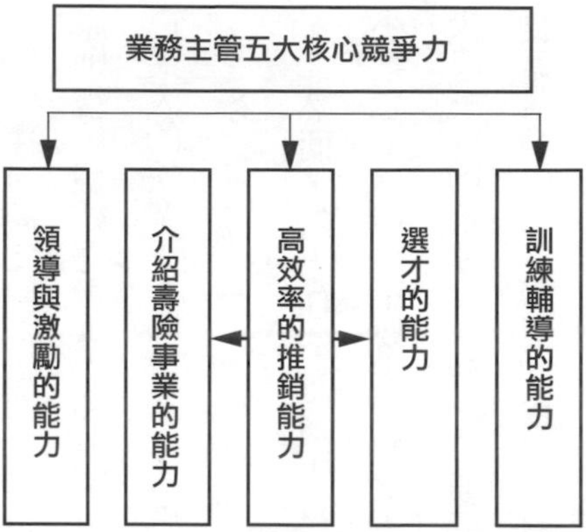

推銷與增員，兩手抓，兩手都要硬！先推銷，後增員；邊推銷，邊增員。收入來自推銷，成長來自增員。我花了七年建立我的推銷基礎，贏得六面銷售會長寶座，再花三年建構團隊，成立永豐通訊處，之後應邀著書立說，不敢說是什麼傳世大作，只能印證手無寸金的年輕人，也能靠壽險事業出頭天吧！

你只要在推銷的大道上拔腿狂奔，跑出成就，就會有人見賢思齊，跟著你跑！勇者無懼，更不孤單。

當你擔任「業務」主管的職務時，一切收入與榮寵皆來自團隊的業績表現，你是帶兵官，更是作戰官。別忘了或丟了你的推銷工作！很多業務員晉升主管之後，就把「推銷合約」束之高閣，殊為無知與可嘆！晉升是為了提高收入，但職位不等於高收入，原來的個人推銷加組織的利潤，才能提升收入。

因此，身為一個業務主管，非但不能丟了推銷，反而要精進銷售能力，讓它變得更有效率！如此，方可遊刃有餘的去進行你的「組織合約」。否則，忙碌組織半天，發覺績效遽降，會讓你無所適從。本末錯置了，再回頭已百年身！

高效率是為了減低作業的時間但績效不變，來自於高專業化、高形象化以及高人脈化。

如上圖所示，正三角形的基礎銷售法進階為菱形的精工銷售法，能夠縮短了成交的時間。

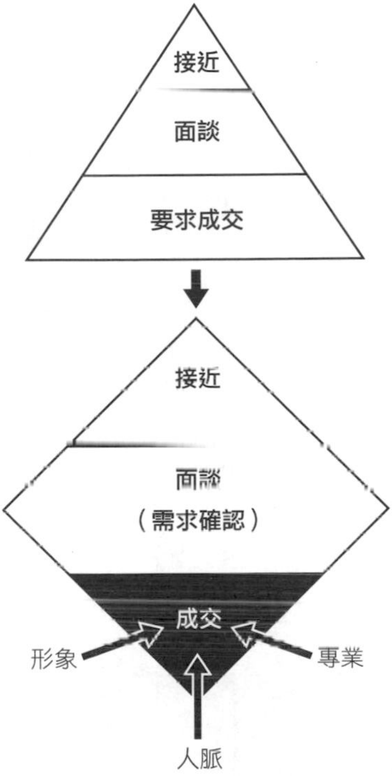

二、選擇業務人才的能力

高效率的推銷能力在於：（一）觀念；（二）熱忱；（三）決心；（四）成交的效率；（五）找尋準客戶的效率；（六）個人的效率。

選擇業務人才時，透過前述的1233法則，判定此人是否正是你要物色的人選。厲行撲克牌理論的行動力，因為不規則的增員是增員的一大懲罰。

一粒老鼠屎會壞了一鍋粥，一名關鍵業務員會讓你的團隊大不相同。謹慎選才，沙裡淘金，若企圖煉沙成金會讓你精疲力竭，之後投鼠忌器，竟從此遠離增員放棄組織發展。

若是真金則不怕火煉，假以時日就能融入你的團隊，與鷹共翱翔。

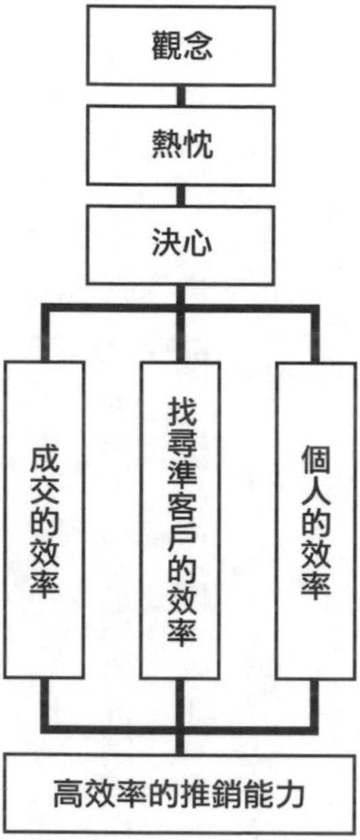

三、介紹壽險事業的能力

業務主管必須遊說他確實有轉行的必要，告訴他

時間分配表

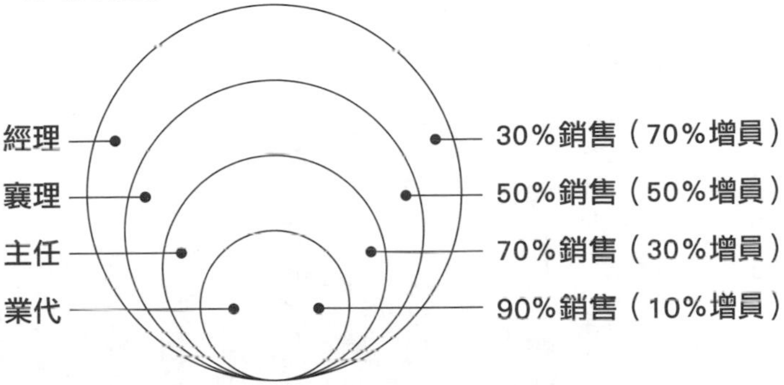

人壽保險的確是一個「事業」，是爭一時更爭千秋，具有收益性、前瞻性、公益性的工作。

除此之外，最大的原則是推銷他——你可以帶領他邁向成功，目前所屬單位是一個勝利的團隊。

四、訓練與輔導的能力

現在進來壽險業的新人員真是好命。菁英班可一整個月安心上課，沒有業績壓力，上了一個月還有車馬費可領，最後得了專業知識，還可拍拍屁股走人。留下來的「真金」，接續有兩個月的培訓直到百煉成鋼。哪像我們當年只有短訓五天就上戰場了，真是血流成河。同一梯次的人員，在歷經歲月的殘酷洗禮，獨留我一人。

公司已經有了這麼完全的訓練，主管還要給些什麼訓練嗎？KASH這四個字太好用了，面談、訓練都可以派上用場。面談KASH法：（一）K：新人需要了解什麼知識？（二）A：什麼觀念驅策他全力以赴？（三）S：銷售的技巧如何？（四）H：優良習慣的養成？

（一）K：新人需要了解什麼知識？即Knowledge。例如：買過保險嗎？知道保險的功能嗎？周遭親友有否理賠的實例？對人壽保險的看法如何？

（二）A：什麼觀念驅策他全力以赴？即Attitude。你曾經有什麼自豪的工作心得？對銷售業的看法如何？如何看待推銷員？

（三）S：銷售的技巧如何？即Skill。你自認有什麼條件可以做好保險銷售？你認為要如何才能把保險做好？兄弟姊妹有人做業務嗎？你遺傳自父母哪些優點？學習能力如何？

（四）H：優良習慣的養成？即Habit。平常有什麼消遣娛樂？幾點上床起床？有何宗教信仰？影響如何？

五、領導與激勵的能力

「人類最偉大的光輝，不在於永不墜落，而在於墜落後重新升起！」此話用在遭遇失敗重挫後，激發對方再起。

領導與激勵的能力必須時時刻刻的關注，點點滴滴的灌溉，確實是不容易啊！既然人類最偉大的光輝就在永不墜落，那麼幹嘛起起伏伏呢？

請激勵成功的業務員們，勇往直前不回頭！

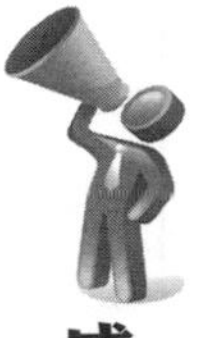

成就自己的業務DNA

剛進入壽險業，總會思索主管：「你能給我什麼？」；等到晉升主管後，心態轉換為：「獨立作業靠自己，我一定要成功！」若是再晉升集團長後，腦中思索的是：「我們要如何團結？急速成長？」

太空梭式的壽險生涯，在於推銷與增員，皆須堅忍不拔，直到完成任務。主動收入為：（一）首期推銷收入；（二）增員收入。被動收入為：（一）續繳收入；（二）組織收入。

然而，收入來自推銷，成長來自增員。銷售是個人成功，組織發展是團隊成就！推銷從百分之百遞減，增員從百分之零遞增，起頭推銷是底薪，增員是加薪；到最後則逆轉。訓練自己或是訓練部屬，是領導者自我突破的思維。總之，確信推銷是主旋律，增員是硬道理，組織必定凌駕一切！

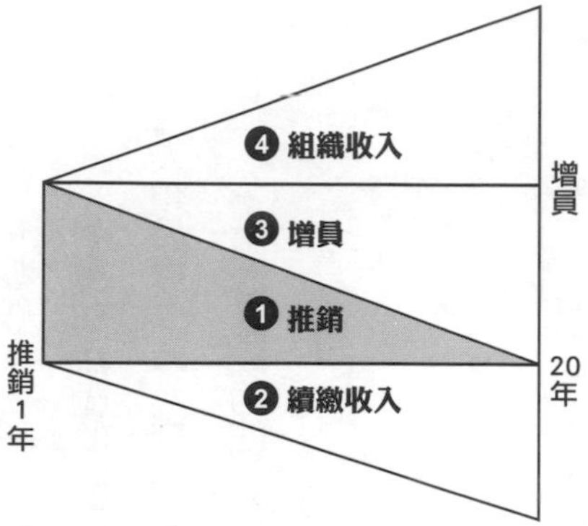

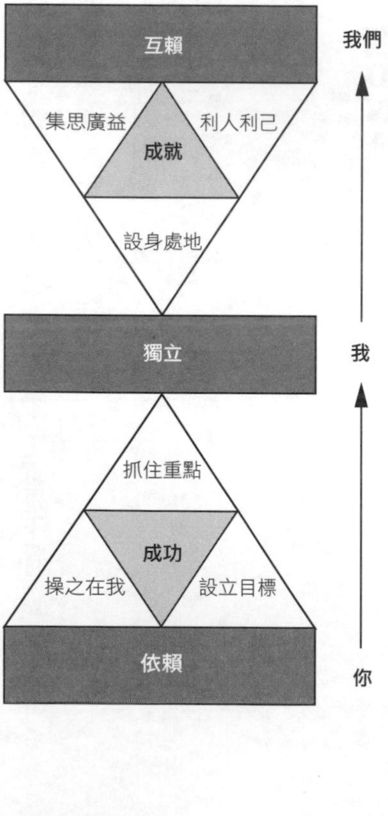

06 領導凌駕一切

不敗的狂人哲學

保險就是做人，做人失敗，不要說領導了，連保單都賣不出去。
保單成交，不要沾沾自喜自己的銷售技巧有多高明，而是客戶願意跟我們買，他欣賞業務員某些做人成功的一面。
領導者已經高高在上了，何必恃「位」傲人呢？
做人成功，才會有一大群部屬追隨你。

領導能力凌駕管理能力

壽險事業的領導者，必須是個增員高手、訓練師，能以團隊為榮，具有樹人的欲望，能以身作則永遠是眾人的榜樣。對於團隊的任何人（高低生產量者）都能給予無限的激勵、塑造願景讓大夥拚搏……更高的成就來自更強的能力，更強的能力提供服務的廣度。給自己打個分數吧！你是不是一個夠格的領導者？你是一個業務高手，既已「出將」，準備好「入相」了嗎？

有一次，我到電台接受專訪，主持人問我：「林先生，你們永豐算是大型通訊處，你下面到底有多少人？」我聽了，想了一想這樣回答她：「我下面沒有人！」主持人一臉不解。

我補充說：「我下面沒有人，上面也沒有人。」

「我的意思是，你有多少下線啦？」主持人急了。

「我只有夥伴，他們都是人，不是什麼『線』。都圍繞在我周圍，我們一起為事業打拚。」

「哦！原來如此！」主持人尷尬的笑了。

有些人好不容易晉升為主管，增員了三、四人，心裡就想：「這下，可得好好管一下他們了，終於脫離業務員的苦海，可以好好過過發號施令的癮了。」殊不知，人壽保險大家都是老闆，差別只在先來後到罷了！

試問，你有發薪水給人家嗎？如果沒有，怎麼說「管理」，又如何說「發號施令」？我的看法是「領導凌駕管理」。壽險事業的團隊領導是：如何和這一群「老闆」共事，共好共榮。至於「脫離推銷的苦海」更是可悲，如果你視銷售為畏途，那它真的就是苦海無邊了；如果我們能不以為苦，苦中作樂，樂此不疲，承認我們就是賺辛苦錢的本分，你肩頭的壓力才會卸下。

增員來自市場，先銷售後增員；邊銷售邊增員，銷售帶動增員。這是永遠不變的真理！排斥銷售，遠離市場，就是死亡的開始。

領導的精義

領導的精義是提供服務，僕人式的領導。推銷時，你的銷售對象是客戶。他們買你的保單，你才有收入。增員時，你的銷售對象是團隊。他們有業績，你才有組織津貼。因此，兩者都是銷售，只是對象不同。

要客戶同意跟你簽單，你得提供服務；同樣的，要屬下衝刺業績，完成團隊目標進而爭取榮譽，你也得提供優質的服務，而非頤指氣使，既得便宜又賣乖。常思僕人式的領導，逆轉高高在上的主管角色為甘心服務群體的僕人，則贏得民心、贏得業績、贏得組織收入。

如何贏得夥伴的合作意願呢？團隊裡的任何一分子都是天之驕子，所謂「天大地大業務員最大」有業績，他橫著走最大；沒業績時，他豎著走也最大。誰最小呢？

誰最高位誰最小，哈哈！如何強迫驅策這一群天之驕子呢？唯有贏得他們的「合作意願」，才能激發他們超卓的拚戰潛力，攻城略地，實現所謂的「夢幻團隊」。

贏得夥伴合作意願的五大技巧

贏得夥伴合作意願的五大技巧分為：（一）組建優質團隊；（二）滿足所有「老闆」的需求；（三）公平的獎勵制度；（四）提供優質創業環境；（五）全力給予舞台與掌聲。

（一）組建優質團隊：設立願景以吸引團隊，組建團隊以完成夢想。周圍的人失敗，會把我們拖下水；周圍的人成功，會把大家一起帶上來。組建團隊貴在「志同道合」，為壽險事業打拚的決心深植在每個人心中，如此方可同舟共濟，一起用力向前划。

贏得夥伴的第一個技巧，就是大家只講一種共同語言，這樣的前提來自於源頭團隊的建立，優質不代表每個成員都得是龍兄虎弟，小蝦可以養大魚，大魚可以帶小蝦，齊心一志完成團隊的作戰目標。小蝦大魚可以並存，但容不得凡事唱反調，樂往後划的老鼠屎。切記！

（二）滿足所有「老闆」的需求：作業器材隨時待命。平常增加額外不定期的飲食需求，以及各區體系競賽活動激勵性的經費補助。逢年過節加給同仁家屬的小禮品，讓人倍覺溫馨，尤其是隨時的噓寒問暖。進了辦公室，先給笑容和打招呼。記住，他們才是「老闆」。

（三）公平的獎勵制度：總公司有例行業務競賽，營管處必須配合訂定各項比賽獎勵辦法。但人有胖瘦，區體系有大小不同規模，業績實力不盡相同，身為領導者，平日就得洞悉大大小小組織體系的實力，方能訂出公平的競賽責任額，讓大家「人人有希望」，而願意使出全力拚戰，爭取佳績，否則只剩你一人在戰，眾軍皆睡，豈不笑話哉！

§

早上十一點，我們單位資深美麗的怡娟經理進來我辦公室，「報告處經理，剛剛有一件事很好笑。」

「喔！」我看看她，示意她說下去。

「是這樣的，志豪主任在網路上訂了一件短褲，白色的，人家拿來給他試穿，他上半身是襯衫打領帶，下半身變成白短褲，還穿皮鞋黑襪子，看起來超好笑！」

「處經理，是這樣子，下週我們讓這批年輕主任一對一對決（Battle），輸的一方得穿這樣去見客戶，客戶見了一定笑翻！」

「嗯，點子很好。客戶一定會問，怎麼穿這樣來？」

「因為比賽輸了，您再支持買一張吧！我一定扳回頹勢！」哈哈，好點子，我直點頭。

「但battle雙方要實力相當才行啊！」

§

（四）提供優質創業環境：很多年前，我率隊（區經理群）南下台中，去詹龍通總監的辦公室，希望藉由參觀彼此交流。眾人進了他們的辦公室都驚訝不已，除了水杯、電話，對幾乎空無一物的桌面感到驚訝之外，就連頭銜名牌都懸於座位上方，由天花板垂吊，動線整齊極致，讓人感覺是一個講究紀律、戰鬥力一流的軍團的工作環境。

回來後，我立刻召開區經理會議，跟大家溝通，我們各主管桌上的東西實在太多太凌亂了，一個凌亂的辦公室如何吸引你們要增員的一流人才？由於大家眼見為真，很快就取得共識，要求下班後桌上只能置放水杯一只，公司提供的電話及名牌，其餘一概收拾乾淨，置於抽屜內。

實施後的辦公室，桌子前後對齊，桌上乾淨明亮，眾人嘖嘖稱奇。提供優質的辦公環境，讓大家安於樂於在此創業，放心的引薦一流準增員對象到公司面談，對於留才，更有了加分效果。

（五）全力給予舞台與掌聲：金錢的報酬可以驅策業務員的行動力，但榮譽與能力的肯定更是業務員源源不斷的拚戰引擎。一味訴諸金錢，終有師老兵疲的一天！營業處每一次四星會的表揚大會，都非常隆重，我以他們為榮，給予他們最高的榮寵，表彰他們不屈不撓的辛勞！

辦公室的門口設置四星會得獎者相片欄，表揚大會的最後高潮是，由得獎者親自拿著自己的相片，從會議室一路前行到相片欄，自己置放上去，兩旁所有業務員則鼓掌握手為他道賀。這時候，可以看見得獎者臉上閃耀的淚光，所有的堅苦卓絕都值得了！雖然是小舞台，但我堅持給予最高的敬意與肯定。

領導者的1P4E

P指的就是熱情（Passion），熱情能成就職場事。領導者能夠發自內心，對工作產生真正的熱忱，並打從心底希望同事、下屬業績勝出，則能成就事業。

週日下午六點，我在辦公室工作時，一眼瞧見十步外，鴻安襄理正和一位理著小平頭的小夥子在桌上寫些文件，我信步走上前去關心。

「鴻安，這位是……？」兩個人同時站了起來，「這是我的客戶，小徐，剛退伍，來辦點保單的事。」

「噢！形象很好啊！你沒叫他來做保險啊？」小夥子穿著T恤六分褲，形象清新，五官端正，重點是，臉上掛著無邪的笑容，看起來特別舒服。陽光男孩一個！給客戶信任感，乍見之歡的第一印象已經具備。

「小徐，做什麼運動呀？幾歲了？父母在做什麼？剛退伍，準備做什麼工作呢？」我劈哩啪啦的問了一堆問題，鴻安很開心的陪站在一旁笑著；小徐則有問必答，像小學生敬謹的回答老師的提問。二十三歲，父母在做路邊攤，喜歡打籃球，還在想做什麼事好……鴻安當然開心，因為他知道處老大主動伸出援手，幫他破題增員了。

詢問新人的興趣，對方說「喜歡打籃球」，我就從ＮＢＡ湖人隊開始聊起；「父母做路邊攤」，我則說職業不分貴賤，只有人格有貴賤；不好的環境可以加以利用，還是你爸媽已經賺了很多錢到加拿大置產去了，我聽說很多路邊攤都賺了大錢？對方聽了連忙說：「沒有啦！」然後三個人哈哈大笑。

對方若是客氣一點，可能會說「還在想找什麼工作」，我會說工作不用找，創業才可貴；你的形象這麼好，不做業務可惜，做業務不做保險更可惜！保險沒有底薪，但有續繳服務費及組織發展的雙重保證薪，路邊攤就缺這兩項。

絕大多數的人會說：「我父母反對」。其實，你爸媽不是反對你做保險，他們是怕你做保險失敗了怎麼辦？我自己建中、台大畢業，當年父母不是反對，是很辛酸，栽培一個兒子到這麼高學歷，竟然跑去拉保險了，但他們也沒辦法，我是下海搶救家庭經濟嘛！還好，當初入對行，現在可以站在這裡激勵你……

然後我們三個站在一起足足聊了快一個鐘頭，還意猶未盡哪！末了我囑咐鴻安拿一本我的著作先給他看，找時間再聊了。之後我回房繼續捻斷數莖鬚。過了半晌，兩個人向我敲門，小徐堆著笑容說要走了。再過一會兒，鴻安又來敲門，「處經理，謝謝您，我早就想跟他增員了，您今天大刀闊斧談，省了我很多事呢！」

「不客氣，要繼續追蹤，直到成功。」

§

領導者的4E原則指的是：（一）正面能量；（二）鼓舞他人；（三）當機立斷；（四）執行力。

領導者的1P＋4E

- 熱情（**Passion**）
- 正面能量（Positive energy）
- 鼓舞他人（**E**nergize others）
- 當機立斷（**Edge**）
- 執行力（**Execute**）

（一）正面能量（Positive energy）：領導者擁有正面能量，外向樂觀，享受變化，熱愛新朋友。要能易於和別人打成一片，從早到晚神采奕奕，隨時隨地樂在工作、享受工作。

（二）鼓舞他人（Energize others ）：正面能量是內蓄的；鼓舞他人卻是外顯的。這兩個E是領導者必備的，如果在上位者正面能量不夠，豈不很快被負面思想擊垮，特別是業務員每天在被拒絕的市場中活動，每天傍晚都是垂頭喪氣回來，受傷的戰鬥機拖著充滿拒絕子彈彈孔的機身降回航空母艦，不就等著維修與正面能量的加油打氣？

有時候競賽業績責任額高不可攀，通常會訂得比平均值高幾成，鼓舞團隊挑戰不可能的任務，也是領導者的使命與宿命。逆轉mission impossible為I'm possible. We can do it.

（三）當機立斷（Edge）：愈是龐大的企業，愈是重大的決策，就愈顯出領導者「當機立斷」的重要性。商場如戰場，商機稍縱即逝，一味的評估只會坐失良機。

以前我有一個客戶，考慮要不要投保，一再check、double check、final check，最終Last check，還無法拿定主意，我封他為「Mr. Double check」。最後前後左右、上上下下都確認了好幾遍，實在消受不了，我神色一凜說：「Mr. Double check, would you kindly just give me one check?」後來他才乖乖簽字給錢。其實他是好好先生，做事溫吞，還好老婆做事決策快，才能把事業撐那麼大。

前幾年全家移民到加拿大去了，每次回台灣，他總會打電話給我：「哈囉！Mr. Check（支票先生），I'm Mr. Double Check!」我們兩個在電話裡頭笑翻了。

（四）執行力（Execute）：知道不等於做到；說到也不一定會做到；做到又不一定會做得好。這一連串下來百病叢生，癥結全在一個「執行力」。

你仔細去觀察，社會上愈是成功的人，執行力特別強。營業處裡面愈是績優者，執行力也是最高的。

行動凌駕一切，執行力是一種不達目的絕不鬆手的魄力，代表一個人懂得化決策為行動，克服各種阻力與不可預知的障礙；也可以說是，見神殺神，見鬼殺鬼，擋我者死！勇往直前，直到任務完成。所以我說：「人是不會成功的，只有機器人才會成功！」先過機器人不知懈怠的運轉，將來才有可能過「人」的日子！

若有看過《魔鬼終結者》（The Terminatcr）這部電影就知道，機器人收到指令，不惜一切代價，斷手斷腳，爬也要爬過去終結目標。

沒有執行力的領導，光說不練，團隊鬆散，績效低落，終致煙消雲散。領導者豈可不慎乎！

領導者的PEPSI

一、領導人的角色定位(Propsition)

領導人的角色定位，不外乎四個字：豐富部屬。你簡單想想便知道，你為什麼要追隨一位領導者？部屬又為何捨別人而願意追隨你呢？

原因有三：（一）某種利益；（二）個人的成長，從你身上學到東西；（三）實現夢想完成抱負。基於以上三個要點，如何在一定期限內幫助部屬成功，就是身為領導者最主要的定位。你的主要工作就得圍繞著角色定位來規劃，有功歸於部屬團隊，有過自己扛。領導者主要工作有三種：

第一種工作——建構活動（靈魂），遴選活動主題、主辦人並督導。別人辦的活動，你不一定人云亦云跟著照辦；別人沒辦過的活動，你更可創意行之。你應有核心區經理幕僚共同激發點子，免得獨自一人閉門造車，曲高和寡。如果是真知灼見，也得以理服人，經多次溝通，取得共識，畢竟活動是大家一起參與的。

第二種工作——設定目標（士氣），要高到興奮人心，低到可以實現。最好是配合營業處的目標，當然緊扣著總公司，如此環環相扣，方可收將士用命之效。

第三種工作——廣結善緣（奧援），包括公司高層、同業高手。領導者要善於經營以上兩大人脈，以便帶給夥伴作業的方便，並吸收各大高手的技能。

有一次，我和保險公司地區老總聊天，他說生平最得意的事情之一，是舉辦該地區各外勤家族間的業績競賽，長達五個月，第一個月是戰鼓頻傳；第二個月是精銳盡出；第三個月是砸鍋賣鐵，接著賣兒賣女，最後是求神拜佛，因為能動用的資源都使盡了，也不知誰勝誰負，只能祈求上蒼保佑了。重點是五個月下來，每一家族業績都成長了百分之五十以上，良性競爭的殊死戰造就了業績的高成長，結局是皆大歡喜、功德圓滿。

我聽了哈哈大笑，頻頻稱是！回來後，馬上召集各將官，頒布九十八年度「永豐第一家族」競賽辦法。所謂家族，是指區直轄加上直轄區所有襄理、主任、業代統算業績。如此才能有效統合全區人力集體出動，誰也不能置身事外。

如上圖海報圖與相片，這是首五月配合公司高峰競賽，年度則搭配公司年度榮譽會。從此各大家族皆卯足全力，團隊業績扶搖直上！

二、領導者的經驗傳承(Experience)

外勤的領導都是從實戰或者說是從巷戰中，挨家挨戶拜訪起家，然後按部就班的晉升，沒有實務的經驗，如何訓練帶領初入行的旗下業務員。

所以我說：「除非你身先士卒，否則永遠算不得英雄好漢！」

也可以說：「在業務單位，不是英雄，就別談領導！」

像《艋舺》這部電影裡，身上沒有三刀六眼的傷疤，如何當老大？所以，如果你在練習生、中級生階段遇上了極難纏的客戶，你應該感到高興，因為，搏過了這一關，將來才有了這個「經驗」去感受你部屬的痛苦，助他度過難關。據此，你也才能贏得他們的信賴與眼角浮現的尊重。

到了高級生（入行五年以上，擁有兩百個客戶）階段，你身經何止百戰，可在每日晨會的結語中做你的經驗傳承，或在每週一次的區小組會議上，提供銷售增員的心得與組員回報困難點的處理。優秀的領導者不單只是課堂上的好講師，更應是實務作業的訓練師。

先把自己磨礪為一把好手，再將屬下磨練成好手一把，這就是組織發展成功的方程式。刀要石磨，人要事磨，業務員要客戶磨，領導也給業務員磨；磨的過程首重「愛心與耐心」。

「那些業務員真是煩透了，怎麼問題這麼多？」

常聽到這類的抱怨，那麼請多點耐性吧！否則主管的位子就換人坐吧！

三、過程論成敗，成敗論英雄(Process)

週一早上我一進辦公室，鴻安就堆著一臉笑容跟我報告。

「處經理啊！上個週末下午您幫我談的那位小徐，今早在樓上上公會考試輔導班了。真是謝謝您，還是老大您功力高！」

「哦！」我抬起頭，「這麼快啊！他不是說他父母反對嗎？」

「是啊！可是處經理您不也說：『你父母是怕你失敗，不是反對你做保險嗎』？」

我哈哈大笑，「然後呢，當天晚上，他就跟父母攤牌了嗎？」

「對啊！他回到家，就跟他媽媽說還是想來做保險。他媽一口反對，他就央求母親，至少讓他去試半年。他完全照您的話講。」

小徐的媽媽更狠，說：「為什麼要去浪費半年？」

結果小徐回答：「即使失敗了，半年也可以學到很多東西！」這時候他爸爸走過來告訴他：「做保險，一百個有九十九個失敗，只有一個會成功。兒子啊！如果你決心去做，就做那百分之一的成功者吧！」

「哇！他爸爸這麼厲害，真是激勵大師啊！鴻安，這幾天你得趕快準備個伴手禮去拜謝他父母，展現你未來當主管知書達禮的一面，他父母會更放心把兒子交給你。懂不懂？」看著鴻安點頭如搗蒜，真是孺子可教也。

成敗論英雄，過程已註定。領導者得適時展現你的功力支援部屬，育才之道，刻不容緩。

四、監督業務員的活動，以利輔導(Supervisor)

壽險外勤領導者不同於一般公司行號的看門狗（Watch dog），我們是動態的、參與的。業務員經由訓練後，到能否生存，到績效卓著，還有一條漫長的路要走，更可能隨時走開，或是選擇離開這個行業。我們要小心翼翼的輔導他步上正軌，在這個行業的初期就能有業績、有收入。

俗話說：「業績可以去百病；沒有收入則百病叢生，或一去不回頭。」

監督他的活動而不是他的人時，有以下細微的步驟要注意：（一）是否準時參加早會；（二）是否有扎實拜訪紀錄；（三）陪同市場作業。

早會是營業處經營之母，也是最重要的活動。你要非常注重早會，業務員早會的出勤率決定了他初期的成敗與否。

如果他連續三天缺席，即代表一種警訊，切莫坐視不管，應立即找來懇談，及早予以心理輔導。要求每天下班回到公司做今日紀錄，主管更要親自審閱追蹤，尤其初期的陪同作業是必需的。

但謹記，我們只做觀摩不在接收。如果主管及早介入戰場，你就無法得知業務員處理反對問題的能力，以及他是否有毅力在逆境中完成生意的能耐。

即使因為你的袖手旁觀而導致當次無法完成交易，回來後，你便可以告知問題之所在，而這種學習才是業務員課堂上無法得知的，給他下次再訪獨立完成作業的機會，這樣的成長歷程一定能讓他刻骨銘心，並加速成熟。

五、領導人即資訊人(Information All leaders are readers)

拒絕新知即是死亡的開始。

十六世紀，英國哲學家培根（Francis Bacon，1561-1626）有一段名言：「歷史使人聰明，詩歌使人有想像力，數學使人精確，自然哲學使人深刻，倫理學使人莊重，邏輯學和修辭學使人信服，讀書能陶冶個性。每一種心理缺陷，都有一種特殊的學習良方去補救。」所以說讀萬卷書，精雕我們的人品與智慧。

最近抽空看了新版歷史巨著《三國》，心靈彷彿被重新洗滌了一遍，變得清朗透澈；讀了大塊文化出版的《蒼涼的獨白書寫》——〈寒食帖〉與《迷人的詩謎：李商隱詩》，其中一首「滄海月明珠有淚，藍田日暖玉生煙。此情可待成追憶，只是當時已惘然。」讀完後詩情大發，充滿想像力。

〈寒食帖〉中的最後一句：「也擬哭塗窮，死灰吹不起。」讓人更感同身受蘇軾的頑強生命力。

翻閱郝明義所著的《越讀者》一書，第兩百五十三頁，張妙如在〈後記〉寫的第一句真是棒透了：「我的人生很簡單，就是追求快樂。追求快樂的過程中，我發現，只有坦白的面對痛苦，了解痛苦，才終能放下痛苦。」

同理可證，銷售苦，增員苦、讀書苦、寫作苦……只有堅強面對它，經歷這萬般艱難，才能得到最終最真實的快樂。

人脈的資訊，讓業績起飛

「裕盛老師，我是孫莉莉，上回您來成都演講，讓我受益匪淺。我有一位鄰居下月全家回台北，他跟我聊起想了解巴西的基金，如果可以，我想介紹你們認識，麻煩您為他規劃貴公司的投資型保障，細節我會發e-mail給您。謝謝。」

收到這樣的簡訊真是開心，幾年前吉隆坡的Adeline，也曾介紹她姊姊的台灣朋友給我。

真是天涯若比鄰，人壽保險推銷員成功不必在我，總是竭盡心力為朋友客戶做最好的打算，怎一個感動了得！

孫莉莉是一家中外合資保險公司的外勤總監，看看她發給我的e-mail，心思細膩，面面俱到，特別分享給大家，看看高手是如何經營一個客戶。即便是介紹給我，仍然如此用心，也難怪她的業績如此突出。

e-mail（一）：巨細靡遺的準客戶介紹

錢天甫，二十四歲。這次他爸媽和弟弟四人都回到台北，家裡親戚多，大部分時間在海外學習和工作。父輩家族企業是紡織絲絨，每年有一億美金訂單，在大陸南京有工廠，香港有公司，爸爸已退休，家族企業現由姑姑掌理。他們在大陸其他地方也有房產和商鋪，最喜歡住成都。他媽媽錢太太其實才是家裡的真正權威，表面上看不出。先做好天甫，他的朋友也多，將來可為你轉介。他的成長經歷很有趣，小時候偷偷背著父母買了一隻小小的綠鬣蜥，回家後告訴媽媽是在學校撿到的，後來居然長到一米多長，你跟他聊這事，說這種蜥蜴的綠顏色鮮豔得震撼人的視覺感官，他會很得意的。他是錢家長孫，原來爺爺奶奶在世時，是所有孫輩中最受寵愛的。我會請他明天到台北時跟您聯繫。辛苦您了，祝順利。

§

e-mail（二）：旁敲側擊，說理清晰，令人折服

因為怕他媽媽反對，所以剛才給她發了個郵件，希望他弟弟也可以一併搞定。原文發給你，讓你也好有個底。錢太太叫李秀娟。

親愛的秀娟：

昨天搭飛機回台北，一切順利吧？台北比成都熱嗎？想我的時候就做個美夢，夢中就可以隨時見了。說實話，真的不覺得您是長輩，好像就是密友，用「你」比較自然，什麼都可以談。反而天甫是孩子，我要有個這樣的孩子多好呀！

天甫說想買一些基金，不知你知道嗎？我推薦他跟林裕盛先生詳談，自己要先

懂，知道理財的時間週期和產品利弊。而且林先生也是一個職業生涯很成功的人，為人正直率真，又孝順長輩，身上有很多優點，值得年輕人學習，交往這樣的人，至少不會被帶壞，哈哈！

這次沒跟你商量就表示支持他，後來也老是沒有單獨聊天的機會，是基於：養成自己去計畫未來（不僅僅是金錢）的習慣，可能比真的去投資賺錢更加重要，即使他存的資金不多，也說明他開始約束和克制自己。男人能做到克制和約束，武功就有點高了，哈！這是非常有意義的一件事情，表示他慢慢更加會照顧自己，愈來愈讓你和錢先生放心，不知你會不會為此開心呢？如果不妥，請一定指正。

多保重喲！代問候錢先生和弟弟。

還沒開始很想念你的莉莉

第一段可以看得出她倆的交情，第二段幫我打光，破除錢太太可能的疑慮。畫線部分寫得非常好，論武功，俗世中不知誰高？巾幗不讓鬚眉，委實教我佩服。

案子還在進行中，天甫已簽字了，便趁他們還在台北的時候，安排時間和錢太太碰面，或許還得追到成都也說不定呢！孫小姐這麼熱心抬舉，怎能辜負此一片善心？由此可見，人脈的資訊讓我們倍覺人間的溫暖和體會人性的光輝。

再舉例《牛頓、達爾文與投資股票》，嚴格來說，這不是一本股票書，主要內容是訓練投資者的思考方式。領導者更須長於思考，確立角色定位，將經驗傳承、設計訓練輔導流程，勇於監督人與活動的運行，加上無止境專業與非專業資訊的追求，就可在銷售的炎炎夏日痛飲可樂ＰＥＰＳＩ，酣暢無比！

領導就是做人

銷售在於掌握人性，增員在於掌握人格特質；領導在於掌握士氣，使業務員願意全力以赴。領導才能在於與業務員建立良好的工作關係，改善他的技巧（業務員的八大核心競爭力）、工作習慣，增強他的決心與勇氣，一次又一次的突圍達陣，完成小我的生活改善，獲致成就感，進而提升團隊的高度。

領導才能決定了單位業務員對工作的積極進取態度；拉開了甲級營管處與次級營管處的差距！

業務員怎麼看主管呢？他們需要什麼樣的主管來領導他們呢？一項由管理協會做出的問卷提供了有力線索：（一）重視業務員的福利；（二）平易近人；（三）誠懇；（四）樂於助人；（五）公平公正；（六）友善正直；（七）合群樂群；（八）

熱心樂觀，鼓舞士氣；（九）精通保險法規；（十）訓練高手。

透過綜合分析你可以看出，業務員重視主管的人格特質與人際關係的建立，遠遠超乎他們對技術性專業的要求，尤其是精通保險法規、訓練高手兩項。

§

另一份深入的調查則明白顯示，業務員對單位領導有五項期待：（一）與業務員保持緊密友好的關係；（二）公平公正的處事原則；（三）鼓舞士氣，指引奮鬥的方向；（四）給予優質的訓練與輔導（營業處主導）；（五）積極的工作氛圍，無慮的後勤支援。

我們講銷售循環，客戶對應的是購買程序；我們要求業務員；而業務員對主管的期待更不可忽視，此之謂同理心（要怎麼收穫先怎麼栽）。現在你應該明白了，領導是要有才能的，首重建立團隊的和諧氣氛（做人），再來是士氣與激勵，終點是專業素養（增益其所不能）。

網路上有個故事是這樣的：開學第一天，教室裡擠滿來選修「領導」課程的學生，這一群兩年後就會變成企業競相爭取的名校ＭＢＡ學生，心中難掩興奮的等待教授的出現。教室門被推開後，走進三個人。

教授後面跟著一個年輕人與企業名人，年紀與教授相當，六十歲左右。教授先介紹這位年輕的陌生人，他是去年以第一名畢業的ＭＢＡ學生；另外這位企業名人學歷只有高中畢業，是教授的高中同學。

教授在台上說明，他今天會請這兩位來賓分別用二十分鐘來說明什麼是「好的領導」，然後請同學們寫出這兩者的差異點。

第一名的畢業生在短短二十分鐘內，引用了五位名人的領導經驗，這五位包括「奇異」的傑克・威爾許，英特爾的安迪・葛洛夫，管理學泰斗彼得・杜拉克，台灣的郭台銘和張忠謀。似乎這五個人的領導方式便代表著好的領導。

年輕人講完後，很有信心的將麥克風交到這位只有高中畢業的企業名人手中。企業家微笑說，他本來可以用六個字就說明完「什麼是好的領導，但是怕教授和同學說我在混水摸魚，因此必須把六個字講成二十分鐘，希望大家未來不要學我把領導複雜化了。」

這位企業名人說：「在我四十年的職場歲月中，只是不斷的想做到一個境界：那就是如何讓別人在我的公司上班是出於『心』甘情願，而非出於『薪』甘情願。雖然只差一個字，我卻練習了四十年。

「要做到『薪』甘情願比較簡單，有一套健全的管理制度就辦得到，但要做到讓別人『心』甘情願，就必須要讓員工從心底接受你，所以我才認為，**領導沒什麼大道理，就是『領導等於做人』**這六個字而已。

「我把職場分成什麼都不懂、初階主管、中階主管、高階主管、老闆等五個階段，為了把人做好，我不斷在每一階段練習一件事，因此總共要練習五件事，雖然只有五件事，但它們共花了我四十年的時間。在我剛畢業什麼都不懂的時候，我練習的第一件事是『少不多是』，也就是我從不會去問公司給的任務有多困難，我只問自己要如何去達成而已，練習久了，就會感覺自己的實力正快速成長。

「後來自己變成了初階主管，我練習的第二件事是『少說多聽』，也就是可以聽的時候我絕對不開口，讓自己不斷學習如何掌握重點與分析邏輯。練習久了，自然學會以後講話只須講重點的智慧。中階主管時，我練習的第三件事是『少我多你』，也就是多想到別人，少想到自己。凡事以別人的角度來想，練習久了，自然培養出更大的雅量。

「成為高階主管時，我練習的第四件事是『少舊多新』，也就是我不再重複做已經成功做過的事，否則就不可能有新的突破，時日一久，就會不斷產生新的創意。最後當自己變成了老闆，我練習的第五件事是『少會多讀』，也就是要求自己重新回到什麼都不會的階段，放空自己，多閱讀，書讀多了，自然會看到自己還有很多本該謙虛的地方。」

台下一陣如雷的掌聲，久久不止。

老教授結論：「今天之所以安排一位沒經驗的管理學生與一位有豐富經驗的管理者來對比，主要目的就是想讓學生親身感受一個簡單的事實：若想將自己變成一位成功的領導者，那就先學習『把人做好』。」

保險就是做人，做人失敗，不要說領導了，連保單都賣不出去。保單成交，不要沾沾自喜自己的銷售技巧有多高明，而是客戶願意跟我們買，他欣賞業務員某些做人成功的一面。

自己都無法「把人做好」的人，如何來領導別人？智慧使人謙虛，無知使人驕傲，如何做人源自於無比的智慧！領導者已經高高在上了，何必恃「位」傲人呢？做人成功，才會有一大群部屬願意追隨你。

階段性領導

以前母親未失智前常告訴我：「建志啊（我的小名）！不要那麼大聲罵人，要對部屬好一點，目睭別金（打開），就是錢在做人啦！」母親的教誨言猶在耳，現在我已經討不到她的罵了；你的父母若還能罵你，要感恩哪！

每次和老哥黃寶亨（前廣州友邦保險老總）相聚，只要讚美他身上穿戴的服裝配飾，他馬上就會說：「裕盛啊！你喜歡就拿去，不要客氣！」這樣的長輩風範，讓我不由得死心塌地的和他交往。

俗話說：「財聚則人散；財散則人聚。」幾年歲月過去了，慢慢才了解母親話中的奧祕；而這也是做人的另一項指標——領導者的「慷慨樂施」。有錢人若能做到樂善好施，就是最好的美德了。

§

領導（Leading）其實是一個過程——影響驅使團隊成員去達成預設目標的過程，傳達的中心思想是完成「我們」的目標，而非領導者要的。領導力（Leadership）則是指在團隊竭盡心力完成目標的過程中，所發揮的影響力。

所以，你要牢記：如果我有行動力，我就會成功，天下沒有攻不破的城池；如果我有創造力，我才會頂尖。別人會的你都會；你會的別人做不到；如果我有影響力，方能有團隊的成就。

領導是每一個階層都必須具備的能力，從最基層的業務員主任（Supervisor）到最高層的處經理（District manager），都各有其身為主管應盡的領導責任與該發揮的領導力。

大處著眼，小處著手，領導由低漸高，領導力由小而大。按部就班的扛起你的責任，從被領導到統率三軍是無法一步到位的，卻要如履薄冰，一步步到位。

這裡談到的階段性領導可分為四個階段：（一）業務員階段；（二）業務主任與襄理階段；（三）區經理階段；（四）處經理階段。

（一）業務員階段：當你還處在業務員（Agent）階段時，談不上領導，最重要的是「管理」好你自己！你的主管只能領導、輔導激勵你，無法「管」你，管得動你的唯有你自己。這個時期，自律與自我調適是自我管理的兩大支柱。

自律就是自我逼迫，除非你早上願意起床，起床後願意去營業處開早會，開完早會後願意出去拜訪客戶，被客戶拒絕了一天，拖著疲憊的身子，願意回公司寫日誌，明天早上願意鼓起勇氣再戰。

誰也無法驅策得了你這個天之驕子，除了你自己。這個階段，你正可好整以暇的觀察你頭上所有領導班子的領導風格與能耐，你喜歡他怎麼待你，不喜歡他怎麼待你，統統點滴在心頭。

之後你晉升主管了，好的揀起來學，不舒服的不要加諸你將來的組員，這樣不是很好嗎？不必批評主管的不是，主管是用來感恩，不是用來抱怨、索取與批評的。人非聖賢，孰能無過，他如果有自知之明及時改正，格局當然遠大；如若不然，你就有青出於藍勝於藍的一天！

§

（二）業務主任與襄理階段：當你在業務主任（Supervisor）與襄理（Senior supervisor）階段時，這時候的你大概入行兩年，要專注在區體系的「被領導」中學習，同時「管理」好自己的活動與客戶服務。你正在壽險事業中力爭上游，企圖在客戶間建立聲望與在辦公室嶄露頭角，占有一席之地。

老實說，這個階段的你處在壽險事業的關鍵時刻：組織尚在萌芽，推銷猶須努力。你要使盡全力在業績上建立桂冠，再用這些桂冠與戰功去吸引人才加入你的壽險大業，一刻都不得閒，精力與時間要精準投入，心態上要有所警覺，卯足全力，脫離怠惰的地心引力，讓注滿只許成功燃料的火箭向上不斷推升。

成功從來只有一條路：只許成功，不許失敗。

某次假日下午五點我進辦公室，準備下一週的行程。一眼瞥見雅如（二十五歲，入行一年後晉升主管已半年，剛完成高峰資格）也在座位上整理文件，便走過去嘉許她一番。

「禮拜天也進來啊？這麼認真。」

「是啊！」雅如抬頭看我，手上忙著用膠水封一疊信封，我好奇的問她，「這是什麼呀？」

「報告處經理，寄給客戶的理財健康資料。趁著我要去日本參加高峰會的空檔，利用禮拜天來做。」

「善用時間是對的，但妳認為寄這個東西給客戶有用嗎？」

「可是有很多人寄耶，處經理。」

「所以成功的人是少數嘛！」

我決定好好教育她一番，「現代人每天都收到很多印刷品，很可能下班回家看都不看，直接丟進垃圾桶。浪費了妳的時間金錢。寄資料不如打電話，打電話不如親自拜訪，妳愈不想做的事愈有用，在辦公室吹冷氣寄資料就可拉近培養和客戶的感情，豈不太輕鬆了！」

「生日卡呢？」雅如問。

「那倒是可以。但要親筆寫，親自送蛋糕效果更佳。妳們這次去東京，可以寄當地的明信片給客戶，親筆表示內心的謝意啊！沒有他們的支持，怎麼上高峰！」

「我明白了，謝謝處經理指導。糟糕，這份刊物我才剛訂了一年呢！」

我遞給雅如兩顆金莎巧克力，還是肯定她願意在週日下午進辦公室瞎忙的「精神」。這是為什麼呢？因為當你面對這種處境的時候，主管要做的是提醒部屬，不要浪費時間在自認為有意義但無實質幫助的瑣事上面。

美國保險天王伊瑟頓為這個結論做了最好的註解：「除非你讓旗下業務人員意識到，必須藉由注意『小事』（Little things），隨時調整自己的銷售過程，以讓自己更精進，否則你無法帶領他們創造大量業績，邁向卓越和成功。尤其如果你『只』讓業務專注在所謂的『大事』（Big things），諸如：新商品、新型態銷售技巧，終究只會忙愈多，損失愈多。」

§

（三）區經理階段：如果你晉升到區經理（Unit Manager）階段，其中的條件包括：一、入行三年以上；二、直轄主管（主任或襄理）三位以上；三、直屬業務員三至十人；四、整個區體系成員十至三十人；五、擁有一百位客戶等。

一旦晉升為區經理，可以說你已經進入壽險事業的殿堂，擁有一席之地了。接下來的目標很明確：鞏固既有地盤，揮軍直取處經理（District manager）大位，擁有一百至三百坪的辦公室，成為真正的領導者。

然則以我們公司為例，業務員大軍近四萬人，成為通訊處處經理者不超過四百位。由區經理到處經理原來是順理成章的事，為何絕大多數的區經理停步不前，甚至萎縮版圖呢？領導力決定了勝負的關鍵！我的建議是：（一）永遠以處經理為核心，躋身他的核心團隊；（二）成為母營業處舉足輕重的團隊；（三）明確團隊的目標，眾志成城。

不要忘了，你還是個「被領導者」，對處經理的尊崇帶來部屬相對應的尊崇，感恩者人恆感恩之。和處經理關係融洽，會給你的團隊成員帶來安全感，安全感是組織安定之道，安定才能再談發展。處經理對你的團隊可以是助力，也可因你的背離變成阻力，聰明如你，該知如何抉擇吧？

盡力爭取各項活動的主辦權，在活動中歷練你的能力，並操演你的整個團隊。一個備受倚重的區經理，自然獲取營業處更多的資源，犧牲享受，享受犧牲，付出就是收穫，你應該明白這個道理。一個自外於通訊處的區單位，必然孤立無援，一個孤立無援的團隊侈談成長，無異緣木求魚！

領導者是一個改革者，更是一個開創者。有別於管理者的眼光總是在眼前，領導者的眼光在遠方，管理者安於現狀（區經理），領導者則挑戰現實，帶領團隊去征服一座又一座的高山。

你若沒有成立通訊處的野心與雄心，如何打動你的團隊，讓他們勤奮工作、賣力增員呢？沒有招兵買馬造才育才的團隊，又如何壯大呢？

區經理只是一個晉升梯，千萬不能故步自封，沾沾自喜，組織的發展不進則退，大步向遠方邁進吧！

（四）處經理階段：當你順利晉升到處經理階段（District manager）時，規模包括：一、入行五年以上；二、直轄主管六組，全處主管十五組，人力一百人以上；三、獨立辦公室二百坪至三百坪。

恭喜你發展有成，獨領一方，可以好好發揮領導才能：充分溝通、激勵士氣、化解衝突。請將你的直轄和營業處的人力持續增員，不斷的開創新局，擴大影響力成為你的首要任務。

你的團隊是gang up還是team up？

避免鎮日吃吃喝喝無所事事的幫派式團隊（Gang up）。有些人為了籠絡幹部，聯絡感情，舉辦許多活動，如家庭聚會、郊遊旅行、KTV慶生歡唱，該玩的都玩了，不該玩的也玩了，深怕得罪了所有的小王爺，以致團隊一夜之間星散。果真如此，那這種團隊早該解散！目標性高、有生產力、齊心協力奮鬥的team up，才是領導者要建立經營的。

士氣與激勵是領導的壓軸好戲

部屬無法成功，是領導者最大的失敗。業務員鎮日在艱困的市場裡拚搏，鬥志來自高昂的士氣與內心源源不絕的自我激勵。

士氣來自主管有效的溝通，直到他「完全接納」你的觀點為止；自我激勵的能量則發於源頭——領導者的殷殷企盼——士為知己者死——驅使業務員「願意竭盡所能」去完成長官和我們融為一體的任務！士氣與激勵都是無形的氛圍，卻是貫穿整個領導力最重要的支柱，一個團隊是否有戰鬥力，是否擁有高生產力，完全視乎主事者對這兩件事的認知與所下的功夫而定。士氣是肥沃的土壤，激勵是把種子擺在土壤裡，先士氣後激勵，擁有共識才能齊步向前。

「處經理的決心是可怕的，我們最好配合執行。跟在他身邊那麼多年，我知道他一旦下定決心要做一件事，不達目的他是不會放棄的。就像他送給我們完成四星會獎勵郵票上的題字一樣：『向郵票學習，不達目的地，絕不鬆手！』

「原本一開始，我也跟多數同仁一樣，對處經理所提的『進入四星會的榮譽殿堂』興趣缺缺，因為太苦了嘛！每個月都要打拚，一點喘息的空間都沒有。後來處老大堅持不懈，一再在各個場合呼籲，又逐一找我們這些頑固分子一一去面談溝通，我後來終於想通了，這個榮譽不同於以往的高不可攀，而且最直接受惠的是我們，公司也很重視，給名（刊於月刊）、給利（加發連續獎金），於是決定參與。哈哈！給老大一個面子，給團隊榮譽，更給自己增加收入、留下身影，並且見證光榮的歷史！」

鄭惠珠⑫是一名單兵經理，同時也是單親媽媽。當她一口氣分享完畢，台下響起如雷的掌聲。

§

領導者單向的自以為是沒有用的，就算你告訴他也沒有用，得要他們完全接納化為行動才有用。

「仲宏副理，我們莊盛智經理收了六百萬的大單，你幫我做幅海報放在公司門口，讓同仁引以為榮！」

「甘霖經理，找時間彙集妳的團隊拍全家族團體照，你們是去年永豐第一家庭，我要放在新書裡，給你們表揚！」

「玲雲經理，辛苦了，和女兒一起打拚哦！」

「尚文老先生，」我摟著他的肩膀，「還在拚啊？」

「本來就要這樣做嘛！」快六十歲了，拚勁不輸年輕人，交會的眼神有對他無限的敬重。

⑫截至二〇一一年二月，得獎者鄭惠珠連續六十個月，王永源則連續五十一個月達到目標。

部屬無法成功，是領導者最大的失敗，能豐富部屬者，才能豐富自己。只要激發出團隊至高的榮譽感與拚戰的使命，幾乎無事不成。善待你的部屬，是贏得他們向心力的最佳途徑，也就是幫助他們成功。領導者若無法激勵團隊，和他們一起望向窗外的藍天，那麼你終究淪為鏡中孤芳自賞的寂寞身影，再也說不上什麼豐功偉業！

你已經出發了，裝上「士氣」與「激勵」的雙翼，帶領團隊飛向成功的殿堂！

成就自己的業務DNA

宋朝許洞所著的《虎鈐經》兵法裡有十六字箴言，可與讀者共勉，要深自期許，嚴以律己，成為受人愛戴的領導者：

正而能變：權威來自剛正不阿，有所不為；但又能通權達變，包容屬下的意見與缺失。

剛而能恤：領導者有鋼鐵般的意志，遇困境絕不妥協；卻又能體恤部屬，待人從寬。

仁而能斷：胸懷慈悲，卻不優柔寡斷。能當下矯正偏差的方向，切莫親者痛仇者快。

勇而能詳：領導者要深沉果敢，並要能詳察議斷是非。

我
領導
訓練師
增員好手
以團隊為榮
具有樹人欲望
增員是一套程序
以身作則言行一致
不增員是長期的懲罰
著重高品質的增員工作
真誠明智的努力絕不白費
擅於增員的人才會擁有成就
永遠使增員工作保持顛峰狀態
高品質的增員促使團隊即時起飛
管理階層的首要工作增員訓練激勵
甄選不當和監督訓練不足是失敗主因
百分之五五業績掌握在不認識的人身上
一名（關鍵業務員）可以使局面大不相同
人壽保險業的前途呈現前所未有的光明願景
人壽保險業的前途呈現前所未有的光明願景
人壽保險業的前途呈現前所未有的光明願景

【附錄二】追求永不墜落的六冠王

文／胡釗維

追求永不墜落的六冠王

在競爭激烈的壽險業，業務員要拿下第一已難能可貴，但南山人壽的林裕盛以百件獎牌、獎盃服人，「劍在手，問天下誰是英雄？」

要在近四萬人參加的競賽中奪第一，並非易事，然而有人稱霸六次（年度或半年度冠軍），這項紀錄的締造者是南山人壽的業務處經理林裕盛。其中，他所創造四次年度冠軍紀錄，仍無人打破。

林裕盛，這個閃耀於國內保險業的名字，倒退回民國七〇年代，是一個家道中落的窮小子，因家中經商失敗，擁有台大化學系學歷的林裕盛，被迫放棄美國華盛頓大學獎學金，一肩扛下全家生計，走上保險業務員這條路。當時，一窮二白的他形容自己是「頭插兩根草，道路兩邊跑」。由於曾眼睜睜看著弟弟不敢接債主電話，而將電話線剪斷的景象，他因此每天跑業務超過十二個小時，回家再花四個小時培養專業。他不知疲倦為何物，不去想拒絕為何物，更沒有力氣去創造挫折來打擊自己。

因此他在進入南山人壽的第三年，就拿下高峰會會長榮耀（編按：上半年冠軍）。入行的第六年拿下年度冠軍榮耀。七年間，他不僅將家中負債全數還清，而且年收入破千萬。

和許多業務員相似的是，林裕盛是因貧窮而激發出對金錢的渴望；不同的是，多數人嘗到一次冠軍後就歇手，但林裕盛卻天天想爬喜馬拉雅山，樂此不疲的再三奪魁。是什麼原因讓他如此熱中？

永遠讓第二名望塵莫及，每週強迫增加五十位準客戶名單

十二年前，林裕盛以超級業務員身分登上《商業周刊》封面時，曾意氣昂揚的指出：「我是個為勝利而生的人。」如今的他「臭屁」依舊，在今年五月初的一場演講中，他對著近百位台大應屆生說：「百萬年薪算什麼，要像我每年繳百萬稅的才夠格出來。」相對於許多有錢人對身價守口如瓶，林裕盛接受本刊訪問時，卻不只一次主動秀出年收入破千萬的所得稅扣繳憑單，他說：「我要成功，同時要贏得所有尊重的眼神。」

他要揚名天下的企圖，一次冠軍的快感當然無法滿足。林裕盛記得，南山人壽的精神領袖、前任董事長郭文德，引用德國鐵血宰相俾斯麥的一句話告訴他：「世界上

只發生過一次的事並不算數。」

因此，他鞭策自己，永遠要讓第二名望塵莫及。每次上台演講，他總愛先播放〈霸王別姬〉一曲，歌詞「劍在手，問天下誰是英雄」，深得他心。他說，冠軍獎盃就是寶劍，他手上握有六支寶劍，誰還敢不服。最常與他爭奪南山人壽年度冠軍的另一位處經理李建昇如此形容他：「相當狂妄，卻又真的可愛。」

「生命的最大意義在於永不墜落」，這是林裕盛自封的「狂人哲學」。要如何證明自己？林裕盛以不斷爭取大小獎項來替自己加分，在他的辦公室裡，一面約三十平方公尺的儲物櫃中，擺上超過百件的獎盃與獎牌。為此，他還在儲物櫃前裝上三盞照明燈。縱使早已年收入千萬元、縱然狂妄，然而，林裕盛仍勤跑業務。在他去年出版的新書中即提到，「我始終提醒自己，要永遠記住開幕第一天的精神。」他勤快於「掃大樓」（逐棟大樓推銷保險），至今他每天的行程仍滿檔，強迫自己每週得增加五十位準客戶名單，完成至少三件交易。

出訪絕不空手而回，賀卡、桌墊下名片都變名單

即使遇上人不搭理，他也沒閒著或空手而回，看看牆壁上有無匾額，盆景是否有

賀卡，誰送的，全抄下來，桌子墊板下的名片，全成為他的準客戶名單。當然，他自負的性格並沒變，待上十分鐘，若客戶仍沒空，他就起身離開，林裕盛的解釋是：免得讓客戶看扁你，覺得這個業務員沒地方去了。

問他為何還要如此辛苦？他的回答是：「我即使沒聽到背後有腳步聲，還不放心，一定得看不到對手，才敢稍微喘口氣。」但他強調，其實不會辛苦，因為已經習慣了。南山人壽前總經理林文英表示，一個人在得意時不可以忘形，但他曾經告訴林裕盛可以忘形，林裕盛的回應是：「絕對不可以。」林文英說，有許多南山人想要超越林裕盛，他如果不忘形，那超越他豈不更難。

若將林裕盛的保險業務生涯，以《商業周刊》報導時的民國八十四年為基準切成兩段——前十四年、後十二年，分析變化：十二年前本刊採訪他時，他開的是E系列的賓士汽車，如今他換上價格將近四百萬元的七字頭ＢＭＷ，出入並有專門司機接送。

然而，如今的他對財富累積、層次奪冠的成就感，已然遞減。因此奪冠次數，由原本的五次，在後十二年只新增一筆，頻率趨緩。對此，不改狂妄的林裕盛回答：「我已經是紅袍加身，在紅袍上再灑紅墨（榮耀）已無太大意義。」他坦承，這幾年他轉移部分心血在演講與寫書，他的九本著作都是在後十二年出版，他甚至當起報紙的專欄作家。

隨著大陸壽險市場的崛起，他更頻繁出差大陸，幾乎每個月都會在大陸舉辦動輒上千人的演講會，在兩岸辦過百場以上演講。這十二年開始分心於「業外」的他，心境轉變到享受另一種舞台成就。

保持高空飛行有餘力，轉向演講與出書，追求另一種舞台成就

看盡太多保險業務員起落的林文英即說道，如林裕盛已累積超過千名客戶的保險從業人員，每年保費佣金達八位數已非難事，這些超級業務員對於成就感的追求會轉向，有些人會轉任主管擁抱權力，也有人則積極曝光以追求名聲。他觀察林裕盛，這幾年奪冠次數呈現邊際遞減，主因正是分心於演講與寫書上頭。

走過二十六年的業務生涯，對於持續成功，林裕盛的註解是：「高空飛行才是最省力的。」他說，他經歷過家道中落，好不容易才將家中負債還清，實在太苦了，起伏的人生雖然精采，他寧可永遠在高空上。

高空飛行，是能力，是習慣，也是態度。回想以往進了餐廳，菜單從上頭貴的一直往下看，最後還問侍者一句：「有沒有炒飯？」林裕盛曾經許願，以後到餐廳，只要說：「有什麼好吃的，儘管拿上來！」他說，億萬富翁的第一個表徵就是吃飯不再看菜單。現在，他贏得自由，終於不再需要被菜單的價格牽絆。

陌生人如何變成朋友？

為製造話題，買一只Tiffany手錶知名室內設計師杜文正（華視前總經理江霞丈夫）是林裕盛的客戶。林裕盛不乏這類大客戶，他做生意的訣竅，在於先交朋友。林裕盛擅長投其所好，他懂車、懂紅酒，也打高爾夫，為的是要能和客戶有共通的語言。曾經他為拜訪杜文正，特地買了一只Tiffany的手錶，他算準杜文正每三天換戴一錶，因此和杜文正來個「不謀而合」，兩人話匣子因此打開。

對談中，杜文正再推薦他一支寶格麗的刀型筆，隔兩天，林裕盛就用這支筆和杜文正簽訂保單。「當客戶想到你的時候，不一定想到保險，但當客戶想到保險的時候，一定想到你。」林裕盛從抽屜中拿出這支刀型筆，開心的笑道。

杜文正指出，林裕盛很懂得察言觀色，他有在最短時間知道客戶喜好的本事，而且會讓自己成為該方面的專家。往往，整個拜訪過程，他大部分時間都在和你聊你有興趣的事，等到變成朋友後，他才會開啟保險的話題。這時候你會想：「反正都得買保險，就向朋友買好了。」將客戶當成朋友般經營，是林裕盛能持續成功的重要關鍵。

——本文摘錄自二〇〇七年六月第一〇一九期《商業周刊》

【附錄二】做主管要先知道的

文／陳夢夢

新人進公司後，因為勤奮：勤拜訪、勤學習、勤變革，加上原來較好的人緣，（當然，年輕人可能是父母輩的好人緣），總找得到人講保險，如果表達方式不讓客戶產生歧義，客戶也看得到你的專業，保險起始之路，總會收穫一些成績，至少和同仁比，多半有點脫穎而出的樣子。

這個階段，上級會講公司的基本法，告訴你要兩條腿走路，同樣二十四小時，你可以透過做主管，提升銷售和管理的能力。於是，你會一邊做業績一邊增員，學輔導、學溝通。等到做主管，肩上擔子重了，每天更加辛苦了，但前途也更加光明了，還多一個管道掙錢、掙能力，真的更像一個老闆了！

可是，做主管，不像單純做業務，很多人是被弄得遍體鱗傷，就算不飲恨終身，也遺憾無比。我覺得至少需要注意以下幾點，避免思維混亂，導致情緒混亂，最後肯定會行為混亂。

第一，每一位主管都要有兩種專業能力：一是保險營銷，二是管人與帶領團隊實現目標。前者從做新人開始，就一直被訓練、評估，就連每月的考核，其實也是激發你銷售潛能的手段。而後者，除了參與公司的培訓，往往是自己要慢慢摸索，往往沒有三年、五年的累積，是不會有一定功底的；真正比較成熟的主管，八年、十年才基本可稱穩定，而做業務，五年的認真累積是絕對必要的，因為，管好自己一定比管好別人容易。所以，要做主管的你，一定要有比做保險銷售還長期的觀念，中途遇到困難就放棄，是等不到輝煌的那一天。要做一番事業的你，想好了嗎？

第二，主管一定要做好時間管理。每週固定的會議、學習、輔導時間，和彈性的展業時間、給家庭的時間、給自己的時間，都要安排好。該待在公司的時候，就不要埋怨：好煩啊！因為開會（學習、輔導、陪訪……），我沒時間展業見客戶（陪家人……）了。這些都是我們想要的啊！

第三，要建立一些與人相處的規則。不知大家是否相信：人與人很難相處，除了以寬容為前提，還需要學習和修練。雖然保險公司不是一套官僚體系，它的運作模式是效率比較高的，但與人相處，中國人還是要講究分寸和倫理。對上級要尊敬，對下屬要愛護。銷售的菁英剛晉升主管後，不知做更高級主管的難度，對外勤上級還好些，對內勤有可能不敬。而且往往因為人比較直率，在下屬面前做事隨性，但主管若情緒化與不拘小節，組織是不易做大的。對同仁，公開場合表揚，私下當面批評和提醒，絕對不要背著當事人評價他的不足，以防傳話生變，引起誤會和矛盾。

建議大家抽空去學一學基礎的心理學知識，在與人溝通時，會比較容易了解對方。在職場裡，有兩點一定要提醒大家：同事之間不要有金錢糾紛，不要彼此借貸，因為現在即使購物、上醫院都可以用銀行信用卡嘛；男女之間，不要有不正常的關係。

首先，對自己要言而有信，切忌亂承諾，而且自己答應了的事，要特別記到本子上，以免忘記，因為，我們可能覺得事小，但下屬會非常在意。其次，要想團隊愈來愈好、愈來愈大，要靠制度來運作，廣納人才，發揮團隊成員的長處，不能讓下屬覺得你與誰親誰遠，「重朋黨則蔽主」，有性格與自己不合的人，也要好好共事，大家到保險公司來，首先是來成就一番事業的，不是來找玩伴的（是team up而非gang up）。

做事尤其還要注意公平。遇到事件時，不要輕易下定性的判斷，否則可能收不回來。要知道，無論古今中外，人相處在一起自然就會結黨，派系就出來了，人的社會就是如此，主要在於領導的公平。這個觀念是姜子牙和周文王談到用賢人時，姜太公對文王的建議：如果完全聽信社會上一般人的推舉，社會上都說某人好，就認為他好，就可能任用了不賢的假人才。

社會這種輿論不一定有標準，因為群眾有時是盲從的。有時候，一個人並不賢，卻因為社會關係多，製造他變成了一個賢人、能人的樣子。相反的，對於世俗一般人認為不對的，也跟著大家認為這人不對的話，那麼擁有多數群眾的就能晉升，群眾少的就會被辭退。而我們身為團隊指導長，是要善用一切資源，為團隊發展需要而用人才，為團隊的未來負責。再者，要求做行為榜樣、身先士卒。做主管要有降人之氣，下屬才會聽從，除了做好為人處世之道，實實在在的江湖地位，還要有硬功夫來支撐，每月第一週交單、新產品出來率先開單，這叫身先士卒、以身作則，會帶給下屬銷售信心，但若要加強地位、提升霸氣，最好的就是時不時交一個大單。

第四，學會當教練。主管是教練，有時甚至是背後的保姆，經常聽說「格局決定結局」，除了日常不要與下屬斤斤計較，試試當掌聲響起時，退到後台，把榮譽讓給下屬吧！因為他們比你更需要鼓勵。主管是要自我激勵和約束的。

我們常常看到奧運冠軍領獎，不會教練也跑出來，拿一塊金牌掛在脖子上吧？或者到處打廣告：我是某某冠軍的教練，他好是因為我教得好，他這次成功是因為我協助做了……

「重名利則害友」，其實歷史上也有很多可借鑑的，例如：《論語・雍也第六》裡面，孔子講了最值得學習的魯哀公時期的大夫孟之反。魯哀公十一年，對齊作戰，孟之反當時任統帥之一，不幸的是，打了敗仗，學軍事的人知道，打敗仗比勝仗難。打了敗仗，哪個敢走在最後？可是他不同，身為統帥，叫前方敗下陣來的人先撤，自己殿後，等到快要進城門時，他才策馬趕到隊伍前面去，然後告訴大家：「非敢後也，馬不進也。」（不是我膽子大，敢在你們背後擋住敵人，實在是這匹馬跑不動，真要命呀！）

孔子認為孟之反的修養到這種程度，真是了不起。歷史上，每一場戰爭下來，爭得都很厲害，同事往往因此變成仇人、冤家。太平天國的失敗，就是由諸將爭功所致。實際上，人事紛爭在任何時代都是一樣的。現實是，在任何一個地方做事，成績表現好一點，就會引起各方的嫉妒、排擠；成績不好，又會評價你窩囊。做人實在不好做啊！

孟之反善於立身自處，所以孔子讚賞他不矜不伐，「矜」是自以為高明、自我誇耀，「伐」是有功有才。自謙不居功，不但可以免除同事之間的嫉妒，還能免於損及國家利益。

寫這個故事，希望身為主管的各位，有所感悟，看看從自身修養和團隊利益出發，能否有所借鑑。《孟子．盡心上》講人生有三件樂事：「君子有三樂，而王天下不與存焉。父母俱存，兄弟無敵，一樂也；仰不愧於天，俯不怍於人，二樂也；得天下英才而教育之，三樂也。」而這三件樂事，文章一開始就強調，是連一個君主得到天下都不能比的。

可見培育人才，是多麼重要。所以，主管還要學會增員、選才，有可教之人。成功可以複製嗎？我不敢肯定，但失敗教訓容易借鑑。在訓練時，不要只講成功案例，還要關注聽眾的感受，每一次的分享，要有激勵作用。往往只分享成功的案例，會讓人覺得分享者都是有如神助，或者運氣特別好，這反而讓聽眾有挫敗感。

「天生我才必有用」，鼓勵大家要減少內心的自卑感，不要介意自己的家庭出身如何，現在還處於相對較低的平台上，自己真的肯改善，真的學到本領，你沒有成就，天地鬼神都不答應。當然，也有可能會遇到一類學員，他是發自內心的認為優秀的同仁技術太好了，自卑感油然而生，認為自己能力有限，學不會。但主管一定要及時處理，以免逃避的情緒在團隊裡蔓延。

針對這種人，孔子也講過：不管你做不做得成功，只要你肯立志，堅決的去做，做到什麼程度算什麼程度，這便是真正的努力。如果自己劃了一道界線，還沒開步走，就先認為自己過不去，這不是自甘墮落嗎？

第五，明白團隊的發展也是分階段的。如同農夫種莊稼，作物在不同階段，狀態不一，鬆土、澆水、施肥、溫度也是不一樣的。

《三國志》云：「務欲速則失德」！主管要讓團隊一步一步，踏實成長。初期，由於主管新、團隊新，會焦慮、懷疑、猶豫，這時我們要做指揮者，很多事情要親力親為，說明團隊目標，了解組員專長，促進感情，強化信心，建立訓練模式。

衝突期，由於初期的工作鋪墊較好，團隊成員的熱情高，對未來充滿信心，團隊會加速擴大，然後會顯現諸多狀況：角色定位不清、權利義務失衡，承擔團隊職務的人會覺得特別忙、累，甚至委屈，而各項ＫＰＩ指標（Key Performance Indicators，關鍵績效指標）有可能變得不好看，讓大家更加沮喪，這時我們要做一名好的協調者，建立新的工作模式，訂定規則，貫徹共同的價值觀，並嘗試去達成工作目標。

規範期，主管和成員在心理上更加成熟，能建立共識，產生凝聚力，產生領導中心，團體目標導向。這時我們要做支持者，規劃團隊遠景，建立輔導模式，強化團隊價值，建立運作系統，擴大團隊規模。

運作期，則結構完整、互賴、團結一致。這時我們是授權者（不要干涉過多），讓組員參與決策，讓他們承擔責任，建立領導模式，掌握遠景達成，檢視團隊運作。

夙仰裕盛前輩丰采，都知道他樂於分享，從不藏私。他以業界為傲，業界更以他為榮。大俠風範，莫甚於此。

現在我也以多年主管的經驗，整理出一些心得供大家分享。附庸裕盛老師第十本書的風雅，共襄盛舉。祝大家進步再進步！

【附錄三】峰高無坦途，成功有捷徑

文／林華慶

二○一○年十月二十六日至二十九日，公司於河北舉辦華康百強人員培訓暨年底業務衝刺大巡講啟動大會，二十八日，身為台灣南山人壽（友邦保險在台灣的公司名稱）第一人，素擁「保險戰神」稱號的林裕盛大師，他不辭辛勞趕赴河北，為培訓學員授課。他從理論層面剖析：「保險是最偉大的事業」，也讓大家知悉在實踐過程，「一定要直面保險人的身分」，並在培訓中不遺餘力地傳授展業技能和人生歷練所得，風趣幽默且一針見血，現場鼓掌聲、歡呼聲不斷，氣氛熱烈感人。

透過一上午的授課，使學員對於保險事業有更深刻的理解，也更明晰了各自的定位，堅定大家在專業保險仲介道路上前行的信念，啟迪後輩。此次除應公司之邀授課之外，還在百忙中，接受公司內部刊物《華康中國》採訪，就如何打造團隊靈魂、永續經營，以及如何做一名與眾不同的保險營銷員等問題，做了深入而詳盡的闡述。

成功者最重要的是不服輸

華康中國：您是台灣保險行業的戰神，連續二十八屆成為南山人壽的高峰會員，所以您的成功想必也有很多的祕訣，您覺得從事這麼多年的保險事業以來，做為一名保險從業人員，最應當具備的是什麼呢？

林裕盛：做這個行業，服務精神是最重要的。首先，你要體會保險產品對整個社會人類的意義，體會好以後，你就覺得這是一種使命感，每個客戶的一家之主都肩負著對家庭的責任，希望讓小孩子能夠長大受教育，讓心愛的太太能夠幸福生活，不要說榮華富貴，至少不要為衣食擔憂，買了房子要還貸款，不要到最後，你這個一家之主突然有什麼狀況，然後變成了一種對家人的負擔。

所以這是一種使命感，最後你體會了之後，就是一種服務精神，有了這種服務的精神，你就會衝破各種困難。

§

華康中國：您已經連續二十八年榮膺高峰會員，保持常勝的祕訣是什麼呢？

林裕盛：我覺得是看自己吧！看自己最基本的工作態度，不要覺得二十八年太長，實際上我們是一天過一天，一月復一月，一年復一年，這是你本來應該做的事。我常常聽人說做保險很苦，可是你要不以為苦，要苦中作樂，樂此不疲。你能獲得連續的榮譽，你就能建立你的志氣。我剛開始講做保險會碰到很多的困難，可是這種困難要有一種自我肯定去克服。你能夠用這種肯定去衝破重重的困難、打擊、挫折，這種榮譽會讓你的信仰更堅定。

§

華康中國：我們也都知道，保險起步很難，而且最難的就是在起步；聽說您在剛開始的時候很艱難，也有過曾經想放棄的念頭，但是最終您卻堅持下來並且成功，當初是什麼想法，讓您願意堅持下來的呢？

林裕盛：我覺得成功者最重要的是不服輸，每一個偉大的人壽保險成功家都曾經有過放棄的念頭。我們選擇這個行業不是因為它容易，而是因為它困難。對於一個沒有經過這種行業洗禮的年輕人，他一開始可能沒有辦法適應，但前提是你要知道人壽保險是一個偉大的行業，你想好了想清楚了，然後用服務的精神，最後是內心不服輸、不甘心。就拿我的例子來講，我的同學在美國修博士學位，而我在台灣修馬路，我總是說我要有一番作為，將來也可以和他們相提並論。

當然保險這是一個對的行業，所以我要鼓勵年輕人，必須找一個對的行業來拚搏，不是要拚才會贏，而是會贏才來拚。

華康中國：現在在市場上，我們的客戶面對非常多的業務員，如何才能在客戶面前，成為一名與其他業務員不同的人，獲得客戶的信賴呢？

林裕盛：我覺得身為一個業務員一定要自我要求，公司的主管、同仁都沒有辦法要求你，最重要的是要自我要求。常常有人說這個行業有競爭，其實競爭是好的，競爭的行業才是好的行業，代表了很多人的看法。但是重點是你如何在競爭裡面去生存，然後突出你自己。兩個方面：你要讓客戶一看到你就很喜歡，要注重自己的儀表，這個儀表給人的感覺就是你很積極、很陽光，是一個可以信任的人。因為人壽保險是一個文字的單子，是一個無形的商品，所以你做為一個業務員，就要給客戶信任感，如果你沒有信任感，後面的產品就很難推銷下去，所以我們要先介紹自己再介紹公司，最後才推銷產品。另一方面，要久處之樂，你要把你自己內心調養好，必須要永遠終身學習，你跟客戶溝通久了，讓客戶發覺客戶懂的東西你都能深入淺出地對談，他的話題你都跟得上，你要上天下地，大概對一些社會上流行的、人們之間感與趣的東西有所了解，不是只有保險的專業，最重要的是，讓客戶能夠接納你，所以讓客戶信任和喜歡是最重要的，信任就是乍見之歡，喜歡就是久處之樂。利用這兩個條件，你就不用怕競爭了。

§

華康中國：我們知道您的團隊也是做得很出色，做為一名出色的主管，您覺得應如何成就一個團隊的靈魂呢？有什麼祕訣嗎？

林裕盛：我想一個團隊的領導者最重要的精神就是服務部屬，因為我們不用給薪水，我們的團隊不像一般的公司給多少薪酬，我們大家都是自己賺自己完成的項目，是一種佣金制，所以不是發薪水給他們，但是要讓他們在這個工作這個事業中賺取報酬，能夠把保單賣出去，所以你的精神就是要服務部屬。服務部屬裡面我認為第一就是要以身作則；第二是要充滿愛心；第三是以服務代替領導，以服務代替管理。我們基本上沒有什麼管理，因為不是給他們薪水，所以沒有辦法管理，只能用領導，因為所有的人都能看到這個領導能不能在這個行業裡面生存，或者說有沒有很好的去激勵，他會觀察你，最重要就是你有沒有銷售，你對銷售是不是有一種正面的看法，當然可能過了一段年齡，你的銷售會隨著時間慢慢降低，但是你永遠都是要以銷售為榮，以部屬為榮，不要談管理，我喜歡談領導，我喜歡談服務。

因為你沒有辦法規定他幾點來。事實上，我們這個團隊裡面每個人都是領導，只是先來後到而已，要惺惺相惜，珍惜這份機緣，然後我們以身作則，愛他們，提供資源，跟公司內勤要做好服務。

所以一個領導者要服務部屬，經營人脈，提供一個目標讓大家去奮進。服務、人脈、目標是做為一個領導者的三要素。

把困難當作考驗

華康中國：做為一個將近從事三十年的保險行家，您現在每天如何安排自己的時間呢？

林裕盛：因為我現在的客戶大概有五千多人，我覺得一般人要用五百個客戶做為第一階段的目標，之前可以做一百個客戶，從一百個到兩百個到五百個，然後到一千個。如果你有五百個很穩定的客戶，那這一輩子的生存衣食住行就沒有什麼好擔憂。我現在客戶多，我就會花錢請一些助理，就是花錢買時間。所以我們主要的重點，還是在於整個辦公室這些部屬的互動，我大概差不多九點都會開早會，我有二十幾個區經理，要授權讓他們有歷練的機會，但是你在後面要做為一個督導，早上十一點左右出門，下午五點左右就會回公司，我感到最自豪的是，我每天早上和晚上都會到營管處，從營管處出發，然後從營管處下班，不要說早上不見人晚上也不見人，因為早上一天開始，營管處的同事需要你給他打氣，下班有些同事回來了，從客戶那邊遭受了很多拒絕的子彈，受傷回來了，必須給他療傷。

§

華康中國：在您保險生涯中，讓您最難忘的事情是什麼呢？

林裕盛：難忘的事情很多，畢竟這麼多年了。其實我們最主要的師父就是客戶，課堂上教你的都是基本上的一些原理和原則，真正所有的變化都是在客戶。最刁難的客戶也許就是你最好的老師，你可以從裡面學到最多，打擊你最重的也是你最好的老師，客戶本來就有拒絕的權利，你要以客戶為師，我們常常講「刀要石磨，人要事磨」，那麼推銷員就要客戶磨，我覺得這是我最大的感受。我最早做保險的時候，當時南部有一個親戚，我回去想找我的舅媽買一份保單，結果我們兩兄弟下去的時候，我舅媽當時是開餐廳，她請我們吃午飯，說飯後再談，結果到兩三點我們找她的時候，她已經先走了，把我們兄弟丟在餐廳裡面，頓時就感覺人情冷暖，正所謂「富在深山有遠親，窮在路邊無人問。」

後來到了九二一台灣大地震，我舅舅的房子都倒了，我開了一輛賓士和我媽媽回去，我舅媽看到我說：「我當年就知道你一定會成功。」我心想：「妳說得沒錯，當年是因為妳那樣做了以後，我非成功不可。」其實這都是一面鏡子，後來她也成為我的客戶。

所以一定要在這個行業裡面堅持，這是一個對的行業，客戶一時拒絕你、打擊你，其實他是在歷練你，最重要的是，你能不能通過這個考驗。這個行業能不能做很簡單，你去看每個保險公司的培訓，每一班都是客滿，所以每天都有人進京趕考，數年後，你在這個行業飛黃騰達。可是也很奇怪，每天也有人辭官離開這個行業，飛入尋常百姓家。所以這中間的差異就在於你有沒有毅力和堅持，還有最原始的，你認不認為這個行業是一個偉大的行業。認同這個產品是一個偉大的商品，你後面就會有源源不斷的力量來支撐你衝破重重的考驗。

§

華康中國：您說得非常好。我們大家都知道，您在我們這個行業中是一個功成名就非常成功的人，您目前最大的心願是什麼呢？

林裕盛：其實，我們所得的都是社會客戶和我們的團隊所給的，所以我們懂得感恩與回饋。主管是用來感恩的，不是用來索取的，也不是用來抱怨的，像有些人，找了他的師父到我這邊來跟我抱怨，說他的主管從來沒有教他任何東西。我就跟他講，如果你的主管沒有教你任何東西，你今天就不會坐在這裡抱怨你的主管了，你有今天，也是因為你的主管提拔起來的，即使他沒有在技巧上各方面提拔你，但是他引你入門，你就得感激他一輩子。我今天也是這樣的感覺，對這個行業，對中國保險業的發展，我們有幸在這個年代成為這裡面的一員，我覺得是一種榮譽感。

因為中國的保險業在未來的十年、二十年都是一個黃金行業。雖然現在有一些競爭，但是我剛才也說了，競爭是好事。基本上，中國的經濟發展，全世界是有目共睹的，所謂金磚四國裡面的「領頭羊」，所以各位夥伴在這個特殊的時代，因為這個機緣能夠進入這個行業，我覺得都是要充滿感恩之心，先跟前輩好好學，豐富自己，讓自己站起來，站起來以後，你再去提拔後進，讓大家一起成長。

因為，人壽保險事業不僅是對客戶有幫助，對於整個社會國家，也是一個很重要的行業，是補社會保險的不足，任何社會保險都沒有辦法做到每一個人都很滿意，但是一定要透過民間的人壽保險公司來跟它相輔相成。我覺得我們做為一個知識分子，做為一個從國家底層培養出來的年輕人，必須抱有這種回饋和感恩的心，讓國家和社會更強大。

貴在求新、求變、求成長

華康中國：您從九〇年代末開始來大陸很多地方講課，您覺得之前國內的保險市場跟現在的有什麼區別呢？當前的保險市場您又是如何看待的呢？

林裕盛：這個問題是一個很大的問題，我想以我的能力，也沒有辦法來百分之百的回答。我說一下我自己的感受，我覺得中國保險業的進步非常快速，因為它的發展是比較連貫的，時間來講是比較晚的，但成長的速度要求非常快。這當然就呈現了一個優劣。缺點就是營銷人員的底打得不夠，但是缺點又是優點的所在，變成它的速度吸收比較快一點。我覺得中國在整個保險市場是一個高速成長的時代，跟著經濟一起走，這是可喜可賀的一點。但是我要勉勵所有的保險從業人員，還是要腳踏實地從客戶的經營、關心客戶的角度出發，不是以自己做為出發點，以客戶的需求和出發點做為你的中心思想。

最重要的是大家求新、求變、求成長的心是非常可貴的。以前的市場是比較單純一點，都是保險公司自己培訓人員，自己有一支自己的保險部隊，一步一個腳印起來的，中國的幅員遼闊，有一些保險公司覺得自己建立部隊有固定成本的負擔，不見得有一個很好的外勤人員產生，可能要借助代理人公司，我覺得這個趨勢是一種必然。因為全世界的保險代理人發展，條件是一定要地廣，國家的幅員很廣，保險公司要自己培訓，一個點一個點去做，就很費時，如果代理人公司本身已經有這個規模了，把銷售的終端交由代理人公司來做，我想這是一個必然的趨勢，也變成保險從業的一種選擇了。

當然，每個行業每個公司都良莠不齊，如果我們做為一個代理人公司，我們希望能夠扎實的在社會上建立起我們的口碑，不但業務員願意來，客戶也願意跟我們買，保險公司也願意把產品讓我們代理，就是一個「三贏」的局面，所以現在的情況有人覺得非常複雜，但是我個人覺得其實也很單純，要麼保險公司自己培訓部隊，要麼透過代理人公司幫你做這一塊，是很單純的，基本上就這兩個方面。當然我們最後的宗旨，都是要提供客戶最好的產品以及最好的服務，然後讓他能夠在自己人生的拚搏過程裡，有一個好的保險，讓他沒有後顧之憂，去打拚他人生的路，去照顧他的家人。這是我們最後的殊途同歸。

§

華康中國：假設您在我們的內地市場重新開始您的保險旅途，您會採取什麼樣的策略來重新發展呢？

林裕盛：我覺得所有保險的啟動，在任何時代都是一樣的，不管是在代理人公司還是保險公司，你都是要有一種初來的心，你要以利他之後再回到利己，你要有一種長遠經營的心，你要選擇一家代理人公司，你也要去評估這家公司是不是誠信長遠的經營，還有ＣＥＯ的品格也要有一個考慮。保險公司也是基於這考慮，然後找到一家好的公司，中國現在非常好的公司非常多，這都是個人的機緣，但是公司像一棵大樹一樣，我的想法是大樹底下不是好乘涼，是大樹底下好拚搏。所以你找到一個好的公司，然後在客戶那邊一步一步建立口碑，我剛才講，你要建立三年、五年、七年、十年，而基本上這是你自己的事業，保險公司也好，代理人公司也罷，它們就是幫助你，在你的人生路上建立你自己的事業，然後贏得客戶的支持，這是最重要的。還是得一步一個腳印，不要想說我要急功近利，要一步到位，我希望大家要腳踏實地。俗話說：「天道酬勤」，老天爺會疼惜勤奮的人，所以你要保持這種精神。

§

華康中國：非常感謝您，在您百忙中能夠抽空利用這個時間接受我們的訪問。面對我們華康全國兩萬多名的代理人，也希望您能跟他們講幾句共勉的話。

林裕盛：我覺得華康在我的了解中，是一個全國性的代理人公司。我想所有的領導者，包括我這幾天接觸的工作人員，我覺得都非常親切。我感覺他們的思想也非常到位，也有服務外勤的心，基本上一個公司要發展，內外要同心。我真的非常恭喜大家能夠在這個公司裡面打拚，基本上你必須願意用你的勤勞、用你的真心為這個行業打拚。

第一，你要自覺，你就是一個老闆。老闆就是你要主動，你要積極，要自我拚搏。第二，你願意終身學習，隨時保持一個學習的心態。實際上二十一世紀就分這兩種人，一種是資訊人，一種是非資訊人，白話講就是學習的人和不學習的人，學習是為了成長、為了卓越、為了改變自己。第三，要許下一個追求卓越的承諾，因為我們人生來不是平庸的，其實平庸和偉大的一線之隔，就在於你有沒有許下這樣的決心。

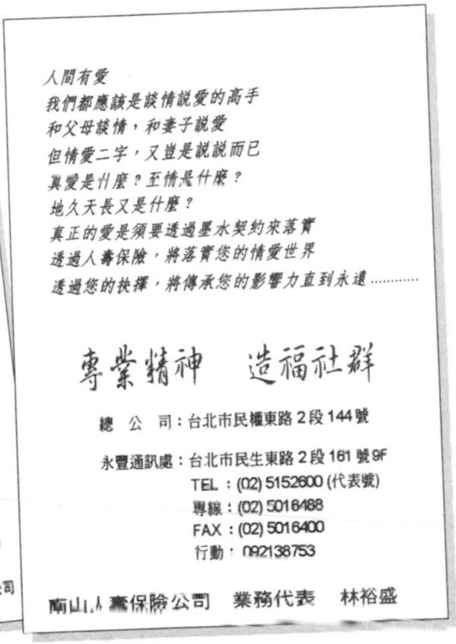

美國有一本書叫作《清醒時分》，裡面有一句話我非常喜歡——「當你下定決心要為一件事情勢在必得的時候，你下了一個這樣的決心，那你就可以讓這件事情指日可待。」

各位，我們選擇這個保險行業，並不是因為它容易，而是因為它困難。因為困難會帶給我們機會，而這個機會除了帶給自己家庭生活的提升外，甚至還肩負一種使命感，每個人都拚搏，每個人收入都提高，國家社會自然更強盛。這是我對大家的期許，也恭喜你們能夠成為華康的一員。謝謝！

【後記】成功到成就的輝煌

No need, no sales; no sales, no civilization.

人間正道是滄桑，人間王道是業務。

你做業務，不見得會富有；不做業務，連富有的機會都沒有。

當我還是業務新鮮人時，陌生拜訪一家大公司，當時競標者有各壽險公司的高級主管、經理、協理、副總等。當時的決策者仔細端詳我的名片。

「咦！林裕盛，你是業務代表？」

「報告老闆，沒錯，我是新人。但在我們公司，業務代表即代表業務。」

初出茅廬、藝高人膽大的新人掙得了一半的業績，當時的決策者成為今日上市公司的大老闆，他大膽下注；而我沒辜負他的期望，在這個行業信守一生。

選擇一條業務的路，當然很孤獨，你並不一定非得終老於此，但年輕時有一段業務的經驗，對你日後在任何崗位上都彌足珍貴。更何況，觀察世上所有大企業的ＣＥＯ，哪一個不具有業務的底子呢？

這是我第十本書，見證了我近三十年的壽險生涯，更結晶了前九本書的精華，獎杯共錦旗一色，掌聲和笑聲齊飛，不為人知的淚水你我都曾流過。呈獻給一同在業務道路上奔跑的朋友們，你們是這個社會最堅苦卓絕的一群！

建議你們反覆閱讀，資料顯示，專家統計要苦讀二十七遍才能內化，真如此也就值得。實踐篤行，成功的捷徑就在於快速繼承前輩的人格基因。有你們的點滴收穫，就是我最開心的事。

再次期勉大家：

（一）我就是老闆——為自己的行為與收入完全負責。

（二）感恩與回饋——永遠牢記貴人與主管的提攜之情。

（三）終身學習——隨時input，充實內涵。讓自己成為銷售產品之外最佳的附加價值。

（四）永遠保持開幕第一天的精神。蘋果總裁賈伯斯意指只活兩天，第一天做決策，第二天去拚命。在人生的夏天盡全力拚搏，才有美麗的秋天！否則夏天四十年，跳過秋天，直接面對冬季的漫天風雪，情何以堪！

（五）永不言敗——成功的路上盡是失敗的人。在我們這個行業，「沒有失敗，只有放棄。」最刁難的客戶總是給我們最多的挫折，但是不斷的捲土重來是我們必備的信念！

（六）許下一個追求卓越的承諾。

變強，是因為我們不甲意輸的感覺。變強，更要願意付出代價！如果你決心要贏得一件事，就要展現出一副志在必得的架式，就一定會心想事成。吾道不孤，同你攜手奔上人生的輝煌大道。

天道酬勤，辛「卯」年，就得卯足力辛勤打拚啊！

親愛的夥伴們，加油！

Wish all of you:success to successful.

林裕盛 謹識 二〇一一年一月十八日

【參考資訊】

P. 50　蘋果創辦人賈伯斯的一段佳言原文：

Your time is limited, so don't waste it living someone else's life. Don't be trapped by dogma, which is living with the results of other people's thinking. Don't let the noise of other's opinions drown out your own inner voice. And most important, have the courage to follow your heart and intuition.

P. 56　英國溫布頓中央球場的入口處，鐫刻了英國文豪吉卜林（J.R. Kipling，1865-1936）的佳言原文：

If you can meet with Triumph and Disaster and treat those two impostors just the same.

國家圖書館預行編目資料

英雄同路：從零下成就自己／林裕盛著,
--初版.--臺北市: 寶瓶文化, 2011.02
面； 公分.--(Vision；093)
ISBN 978-986-6249-37-2（平裝）

1.職場成功法

494.35 99026679

Vision 093

英雄同路——從零下成就自己

作者／林裕盛

發行人／張寶琴
社長兼總編輯／朱亞君
副總編輯／張純玲
資深編輯／丁慧瑋 編輯／林婕伃
美術主編／林慧雯
校對／禹鐘月・陳佩伶・呂佳真・林裕盛
營銷部主任／林歆婕 業務專員／林裕翔 企劃專員／李祉萱
財務／莊玉萍
出版者／寶瓶文化事業股份有限公司
地址／台北市110信義區基隆路一段180號8樓
電話／(02) 27494988 傳真／(02) 27495072
郵政劃撥／19446403 寶瓶文化事業股份有限公司
印刷廠／世和印製企業有限公司
總經銷／大和書報圖書股份有限公司 電話／(02) 89902588
地址／新北市新莊區五工五路2號 傳真／(02) 22997900
E-mail／aquarius@udngroup.com

法律顧問／理律法律事務所陳長文律師、蔣大中律師
如有破損或裝訂錯誤，請寄回本公司更換
著作完成日期／二〇一一年
初版一刷日期／二〇一一年二月十八日
初版三十三刷+日期／二〇二二年九月二日

ISBN／978-986-6249-37-2
定價／三〇〇元

AQUARIUS 寶瓶 文化事業

愛書人卡

感謝您熱心的為我們填寫，
對您的意見，我們會認真的加以參考，
希望寶瓶文化推出的每一本書，都能得到您的肯定與永遠的支持。

系列：Vision093　**書名：英雄同路——從零下成就自己**

1. 姓名：________　性別：□男　□女
2. 生日：____年____月____日
3. 教育程度：□大學以上　□大學　□專科　□高中、高職　□高中職以下
4. 職業：________
5. 聯絡地址：________________

   聯絡電話：________　手機：________
6. E-mail信箱：________________

   □同意　□不同意　免費獲得寶瓶文化叢書訊息
7. 購買日期：____年____月____日
8. 您得知本書的管道：□報紙／雜誌　□電視／電台　□親友介紹　□逛書店　□網路

   □傳單／海報　□廣告　□其他
9. 您在哪裡買到本書：□書店，店名________　□劃撥　□現場活動　□贈書

   □網路購書，網站名稱：________　□其他________
10. 對本書的建議：（請填代號　1.滿意　2.尚可　3.再改進，請提供意見）

    內容：________

    封面：________

    編排：________

    其他：________

    綜合意見：________________
11. 希望我們未來出版哪一類的書籍：________________

讓文字與書寫的聲音大鳴大放

寶瓶文化事業股份有限公司

（請沿此虛線剪下）

廣　告　回　函
北區郵政管理局登記
證北台字15345號
免貼郵票

寶瓶文化事業股份有限公司　收

110台北市信義區基隆路一段180號8樓

8F,180 KEELUNG RD.,SEC.1,

TAIPEI.(110)TAIWAN R.O.C.

（請沿虛線對折後寄回，謝謝）